算数と国語の力がつく

天才!!

かなりムズ

ヒマつぶし
ドリル

りんご塾代表
田邉亨
［著］

伊豆見香苗
［絵］

Gakken

はじめに

　私はどんな子どもにも天才性が備わっていると思っています。

　天才性とは、ほかの子とは違うところ、誰からも教わっていないのに身に付いたもの、おどろく発想や着眼点などです。その子らしさと言ってもいいかもしれません。どんな子も天才性をもって生まれてきますが、それを発見されるのは一部の子だけ。多くの子どもたちは社会性を身に付けていくにつれて、天才性が見つけてもらえなくなっていきます。

　子どもに勉強をさせるのは、子どもを大人にするためでしょうか？　私は子どもは子どものままに学ばせたいと思っています。子どもは泣き、笑い、遊び、走り、歌います。そのすべては自己表現です。それと同じく、学ぶことも子どもにとっての自己表現の1つです。難しい問題を解くために悩むことも、パズルや迷路に没頭することも、走ったり歌ったりすることと同じ。それらは義務ではなく、欲求です。人間にとって学ぶことは本能的なもの。学ぶというのは本来、やらされるのではなく、たのしんで自分からやることだと思います。だから私は自分が教材を作るときは、子どもたちが自分からやりたくなるようなものを作ることを心掛けています。義務のように勉強する子どもになってほしくないからです。

　本書『ヒマつぶしドリル』に掲載した問題は、すべて私が塾で子どもたちとやってきたもので、面白いものだけを厳選しました。私が指導しているのは、私立小学校の受験などは経験していない、いたって普通の公立の小学校に通う子どもたちですが、この問題に夢中で取り組み、頭を悩ませた子たちが算数オリンピックのメダリストになっています。これが、どんな子どもにも天才性が備わっていると、私が考えるゆえんです。その子が自分らしさを失わずに、没頭することができれば、才能は伸びていくのです。

　『ヒマつぶしドリル』とは、ふざけたタイトルだなと思った方もいるかもしれま

せん。ただ、ヒマのつぶし方こそがとても重要です。ヒマとはなんでしょうか？子どもにとってヒマとは真っ白い大きな紙のようなもので、そこに何を描いてもいいよと言われているようなものです。一切の義務や責任から放たれ、自由な発想をどこまでも広げることができる時間。自分らしく過ごしていい時間。そんなヒマな時間こそが子どもの天才性を育てます。

そのヒマな時間に良質な問題に触れてほしいのです。床に寝そべりながら考え続けられるような、没頭できるような問題。そんな問題に触れているとき、子どもの頭の中では思考の扉が開かれ、思う存分に悩み考えることができます。悩み考えない人間に思考力など身に付きません。タスクをこなすだけの勉強でどうして思考力が身に付くでしょう。思考力は試行錯誤する力です。答えは与えられるものではない、自分の力で考え、探し、得るものだと知っている子どもは強いです。それが生きる力をもった子どもといえるのではないでしょうか。

最後に、素敵でたのしいイラストでドリルの魅力を引き上げてくれた伊豆見香苗さん、ありがとうございました。また、本書の製作に携わっていただいたすべての人に厚く御礼を申し上げます。

誰だって天才！！　すこしでも多くの人が、このドリルをきっかけに勉強のたのしさに気づき、自分に潜む天才性を再発見してくれたらうれしいです。

りんご塾代表　田邉 亨

わかった！ラーメン食べたいってことね

地球の先生、そんなことひとことも言ってない！

ラーメン食べるならギョウザも〜

オイラレバニラ炒めがいい

ここは
宇宙のどこかにある
惑星ヒマージュ

う〜ん
こまったなぁ…

この惑星を取り仕切る
カミさまは悩んでいた

その理由は…

カミさま

いま"うんこ"って
いいました?

ソッキン

自分の後継者候補である
ヒーとマーが
まったく勉強
しないこと

ヒー

マー

4

もくじ

この本に出てくるキャラクター

ヒー
イタズラが大好き。見た目は人間だが人間ではない。頭のアンテナは取り外し可能。たまにはずかしがり屋。

マー
ヒーとは幼なじみ。おもしろそうなことに興味があるが、ちょっと怖がりなところもある。一人称は「オイラ」。

ステージ4

ステージ5

カミさま

惑星ヒマージュの神様。ヒーとマーをりっぱな後継者に育てるため、地球のテレビをよく見て教育法を学んでいる。

ソッキン

カミさまの相棒。マイペースな性格で、常にラクをすることを考えている。食べるのが大好きで結構グルメ。

約数つなぎ 1

お手本
9の約数つなぎ

8は9の約数
ではないので
よける

8	3	
1	9	
スタート　ゴール

36の約数を、小さい順につなごう。
36の約数でない数はよけながら、
それ以外のマスをすべて通ってね。ななめに進んではだめ。
同じマスは1回しか通れないよ。

> **約数の意味**
> 約数とは、ある数をわり切ることができる数のこと。例えば、8の約数は
> 1、2、4、8だ。「8÷○」としたときに、余りが出ない数だよ。

		18				12
	6					
				2		
ゴール 36				8		
		9			3	
4					スタート 1	

問題やだ〜
ときたくな〜い

演技も
したくな〜い

答えは129ページへ。

砂時計1

空いているマスに、左の数を選んで入れよう。
となり合ったふたつの数をたして、
たした答えの一の位の数が、
お手本と同じように矢印の先に入るんだ。
左の数は1回ずつしか使えないよ。

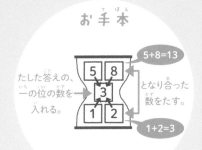

お手本

5+8=13

となり合った
数をたす

たした答えの、
一の位の数を
入れる。

1+2=3

これが
ステージ1〜5の
台本じゃ

全部
覚えた

早いっ

カメレオン俳優

ダイコン役者

答えは137ページへ。

回転する漢字 1

下の図形を、真ん中の線で回転させてみよう。
何の漢字がうかび上がるかな？

お手本

ボソ…
ボソ…

き、恐竜だ
に、にげ、ろ〜

あれが今回
出演する
恐竜だよ

でかいね

だな

恐竜は
演技できない
から気をつけて

フツウノサウルスの親

答えは128ページへ。

ことわざめいろ 1

「し→っ→ぱ→い→は→せ→い→こ→う→の→も→と」の
順番に3回くり返して、スタートからゴールまで行こう。
すべてのマスを通らなくてもOK。ななめに進んではだめ。
同じマスは1回しか通れないよ。

失敗は成功のもと…失敗しても、その原因や悪い点を直していけば、かえって
成功につながるということ。

お手本

ねこに小判……
どんなにりっぱなも
のをあげても、その
人には価値がわから
ないことのたとえ。

スタート

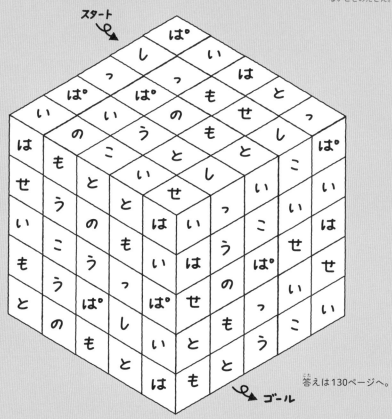

ゴール

答えは130ページへ。

15

トランプまほうじん1

マスの中に16枚のトランプを並べよう。縦と横の同じ
列には、すべてちがうマーク、ちがう数字が並ぶんだ。
すでに置かれているカードをヒントにして並べてね。

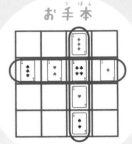

お手本

トランプの
リスト

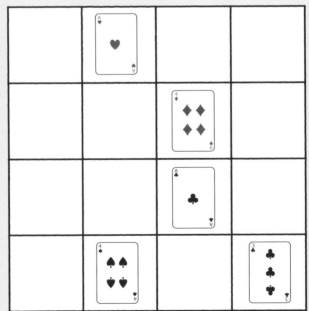

答えは126ページへ。

縦にたし、横にかける 1

1～8の数を入れて、マスをうめよう。
同じ数は1回しか使えないよ。
縦はたし算、横はかけ算の答えになっているよ。

ちゃんと
やってるかの？

発声練習
してるっすね

使った数のチェック							
1	2	3	4	5	6	7	8

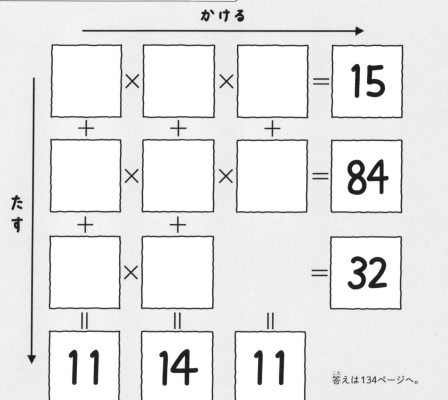

かける

たす

□ × □ × □ = 15
+   +   +
□ × □ × □ = 84
+   +
□ × □ = 32
‖   ‖   ‖
11   14   11

答えは134ページへ。

17

画数めいろ1

漢字の画数が小さい順に進んで、いちばん近い道を通って
スタートからゴールまで行こう。すべての漢字を通るけど、
すべてのマスは通らなくてOK。同じ道は1回しか通れないよ。

ムシャ
ムシャ

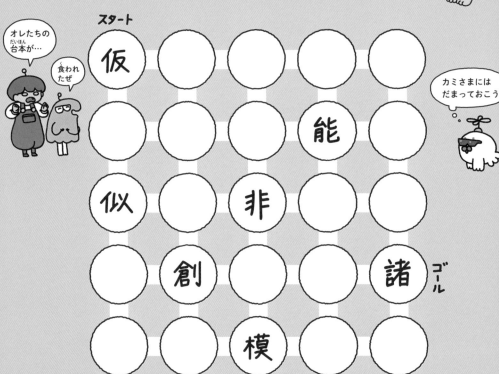

オレたちの
台本が…

食われ
たぜ

カミさまには
だまっておこう

スタート

仮				
			能	
似		非		
	創			諸 **ゴール**
		模		

答えは138ページへ。

体言葉つなぎ1

こ、ここに かくれて…

あー 見つかった…

□に体のどこかを入れると、ことわざや慣用句になるよ。□に当てはまる体の部分と、ことわざや慣用句の意味を線でつなごう。ただし、体の部分だけひとつ余るよ。

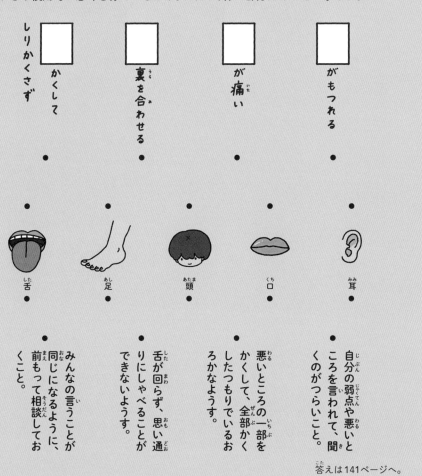

しりかくさず

□かくして

□裏を合わせる

□が痛い

□がもつれる

舌（した）　足（あし）　頭（あたま）　口（くち）　耳（みみ）

みんなの言うことが同じになるように、前もって相談しておくこと。

舌が回らず、思い通りにしゃべることができないようす。

悪いところの一部をかくして、全部かくしたつもりでいるおろかなようす。

自分の弱点や悪いところを言われて、聞くのがつらいこと。

答えは141ページへ。

倍数クロス1

お手本
2と5の倍数クロス

12	5		2
		4	
	10		6
15		8	

3と4の倍数を、それぞれ別の線でつなごう。

3の倍数は3から、4の倍数は4からスタートして、

線はすべてのマスを通ってね。3の倍数と4の倍数で、

同じ数になるところ（3と4の公倍数）は、線が交差するんだ。

ななめには進めないよ。

倍数の意味

ある数に自然数（1、2、3、4、……と続く数）をかけてできる数のこと。
例えば、2の倍数は2、4、6、8、10、12、14、16、18、20、22、……のこと。

			6			16
	3			20	15	
		12				
			21			
9					8	
4						18

そろそろ
学芸会が
始まります

キリカエ

台本ない
ど、どうする？

答えは139ページへ。

右左めいろ1

↓からスタートして、「右」のマスでは右に、
「左」のマスでは左に向きをかえながら進むと、
何番にゴールするかな？
同じマスを何回通ってもOK。
何も書かれていないマスはまっすぐに進むよ。

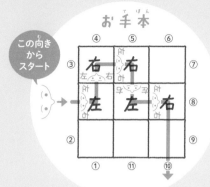

お手本

この向きからスタート

とりあえず
やるしかない

ダイコンさん
きんちょうしすぎて
休けいです

ブツ ブツ

答えは142ページへ。

クロコ

天才言葉集め1

それぞれの四角の中から、ひとつだけちがうひらがなを見つけて、
下の❶〜❻に1文字ずつ入れてね。何という言葉になるかな？

❶
```
しししししししししし
しししししししししし
しししししししししし
しししししししししし
しししししししししし
しししししししししし
ししししくししししし
しししししししししし
しししししししししし
```

❷
```
かかかかかかかかかか
かかかかかかかかかか
かかかかかかかかかか
かかかかかかかかかか
かかかかかかかかかか
かかかかかかかかかか
かかかかかやかかかか
かかかかかかかかかか
```

❸
```
ももももももももも
ももももももももも
ももももももももも
ももももももももも
ももももももももも
ももしももももももも
ももももももももも
ももももももももも
```

❹
```
ほほほほほほほほほほ
ほほほほほほほほほほ
ほほほほほほほほほほ
ほほほほほほほほほほ
ほほほほほほほほほほ
ほほほほほほほまほほ
ほほほほほほほほほほ
```

❺
```
ききききききききき
ぎきききききききき
ききききききききき
ききききききききき
ききききききききき
ききききききききき
ききききききききき
ききききききききき
```

❻
```
ねねねねねねねねね
ねねねねねねねねね
ねねねねねねれねね
ねねねねねねねねね
ねねねねねねねねね
ねねねねねねねねね
ねねねねねねねねね
ねねねねねねねねね
```

おいしそう♪

〜食うぜ

うまそう

フツウノサウルスの子

❶	❷	❸	❹	❺	❻

に八つ当たりをする。

できる言葉の意味：くやしさのあまり、やっていいことと悪いことの判断がつかなくなること。

答えは125ページへ。

二字熟語つなぎ1

ふたつの漢字をつなげて、熟語を完成させよう。
線はすべてのマスを通ってね。ななめに進んではだめ。
同じマスは1回しか通れないよ。

お手本

毎	森	┐
┃	運	林
日	┗	動

				有	考
			勤		
					反
		察		盛	
		勉		論	
		益			大

そんなの
台本にないよ

ボクの
なのに

答えは143ページへ。

23

法則めいろ 1

マスの上に書いてある数字は、ある法則に従って並んでいるよ。
その法則と同じように進んで、スタートからゴールまで行こう。
ななめに進んではだめ。同じマスは1回しか通れないよ。

2 → 6 → 4 → 8 → 6 → 10

スタート

12	14	12	8
14	6	10	6
16	12	14	8
14	8	10	12

ゴール

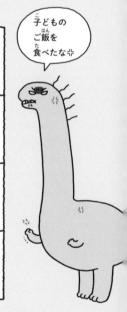

子どもの
ご飯を
食べたな…

ゲッ

おこって
るぜ

答えは124ページへ。

ドミノ筆算1

筆算をばらばらにしたドミノがあるよ。

ドミノの向きはそのままで、

筆算の空いているマスに入れて、正しい計算にしてね。

お手本

書き順めいろ1

赤い線で書かれたところが2画目である漢字を通って、
スタートからゴールまで行こう。
2画目である漢字はすべて通ってね。同じ道は1回しか通れないよ。

ボクはちゃんと
台本通りにやる！

オレは
恐竜の
親分だ〜

やっと
にげられた

いまは
いらな

スタート

幹	象	尺	仁	机
我	資	困	批	卵
映	酸	歴	聖	宝
律	性	招	疑	胃
団	支	迷	紀	臨

ゴール

答えは133ページへ。

集中！ 四字熟語さがし1

それぞれの四角の中から、ひとつだけちがう漢字を見つけて、
下の❶〜❹に1文字ずつ入れてね。
何という四字熟語になるかな？

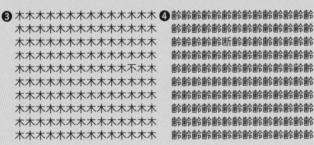

❶
憂憂憂憂憂憂憂憂憂憂憂憂
憂憂憂憂憂憂憂憂憂憂憂憂
憂憂憂憂憂憂憂憂憂憂憂憂
憂憂憂憂憂憂憂憂憂憂憂憂
憂憂憂憂憂憂憂憂憂憂憂憂
憂憂憂憂憂憂憂憂憂憂憂憂
憂憂憂優憂憂憂憂憂憂憂憂
憂憂憂憂憂憂憂憂憂憂憂憂
憂憂憂憂憂憂憂憂憂憂憂憂
憂憂憂憂憂憂憂憂憂憂憂憂

❷
桑桑桑桑桑桑桑桑桑桑桑桑
桑桑桑桑桑桑桑桑桑桑柔桑桑
桑桑桑桑桑桑桑桑桑桑桑桑
桑桑桑桑桑桑桑桑桑桑桑桑
桑桑桑桑桑桑桑桑桑桑桑桑
桑桑桑桑桑桑桑桑桑桑桑桑
桑桑桑桑桑桑桑桑桑桑桑桑
桑桑桑桑桑桑桑桑桑桑桑桑
桑桑桑桑桑桑桑桑桑桑桑桑
桑桑桑桑桑桑桑桑桑桑桑桑

❸
木木木木木木木木木木木木木
木木木木木木木木木木木木木
木木木木木木木木木木木木木
木木木木木木木木木木木木木
木木木木木木木木木不木木木
木木木木木木木木木木木木木
木木木木木木木木木木木木木
木木木木木木木木木木木木木
木木木木木木木木木木木木木
木木木木木木木木木木木木木

❹
齢齢齢齢齢齢齢齢齢齢齢齢齢
齢齢齢齢齢齢齢齢齢齢齢齢齢
齢齢齢齢齢齢齢断齢齢齢齢齢
齢齢齢齢齢齢齢齢齢齢齢齢齢
齢齢齢齢齢齢齢齢齢齢齢齢齢
齢齢齢齢齢齢齢齢齢齢齢齢齢
齢齢齢齢齢齢齢齢齢齢齢齢齢
齢齢齢齢齢齢齢齢齢齢齢齢齢
齢齢齢齢齢齢齢齢齢齢齢齢齢
齢齢齢齢齢齢齢齢齢齢齢齢齢

読み方まで
わかるかな？

❶	❷	❸	❹

できる四字熟語の意味：ぐずぐずして、物事を決められないこと。

答えは135ページへ。

27

3けたてんびんパズル1

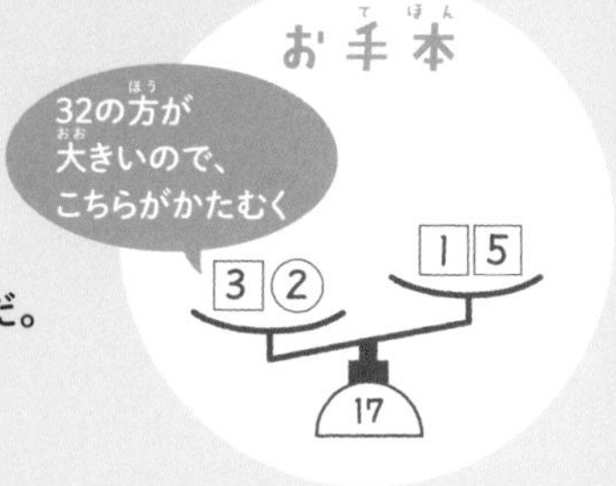

1〜5のどれかをひとつずつマスの中に入れて、
3けたの数を作ろう。てんびんの真ん中には、
大きい数から小さい数をひいた答えが書いてあるよ。
○には偶数（2か4）、□には奇数（1か3か5）が入るんだ。
同じ数は1回しか使えないよ。

お手本

32の方が大きいので、こちらがかたむく

3 2　　1 5

17

❶

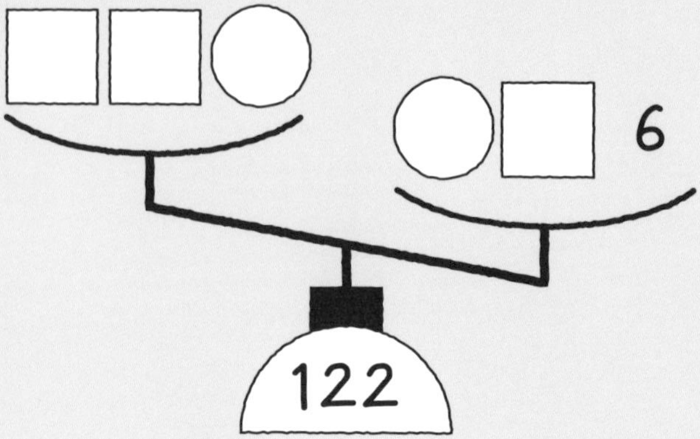

122

❷

221

おいしい

許すよ

おわびにどうぞ

大根の煮物だぜ

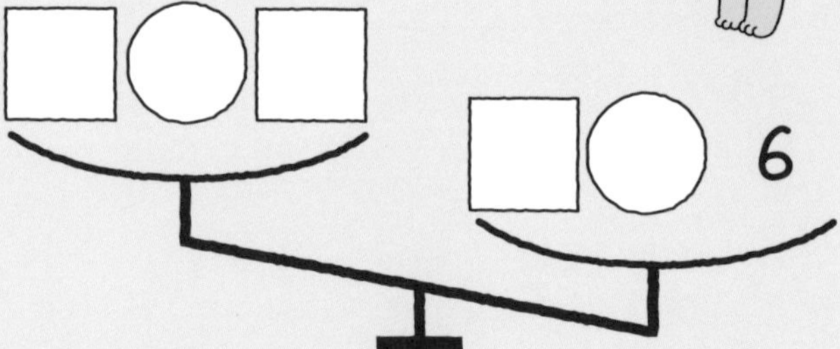

答えは132ページへ。

数合わせパズル1

1、2、3、5、7、11、13の数を○の中に入れよう。
それぞれの四角の中の数をたして、
答えがすべて同じになるようにしてね。
同じ数は1回しか使えないよ。

お手本

| の中……1 + 2 + 3 = 6
| の中……2 + 4 = 6

使った数のチェック

1　2　3✓　5　7✓　11　13

ワシの書いた
台本とちがわないか？

そうっすかね？

答えは140ページへ。

29

慣用句さがしパズル1

下の5つのことわざや慣用句をさがして、線でつなごう。
ひとつの言葉は、1本の線でつながるよ。

口は災いの元…うっかり話したことで、災難を招くということ。
目から鼻へぬける…頭がよく、理解が早いこと。また、すばしこいようす。
二足のわらじをはく…両立できないようなふたつの仕事を一人ですること。
けがの功名…まちがってしたことや何気なくしたことが、意外によい結果に
なること。
薬も過ぎれば毒となる…いいものでも、適量をこえるとかえって害になるというたとえ。

お手本

馬が合う……
気が合うこと。
手を焼く……
手間がかかって苦労
すること。

たのしいな

サイコー

心が
通じ合ってる

答えは136ページへ。

30

エリアわけ1

部首が同じ漢字をまとめて、ふたつのエリアにわけよう。
引ける線は1本だけで、とちゅうで2本にわかれてはだめだよ。
すべてのマスを通らなくてOK。線はななめには引けないよ。

お手本
⇠（くさかんむり）／木（きへん）

イ ／ 木
（にんべん）（きへん）

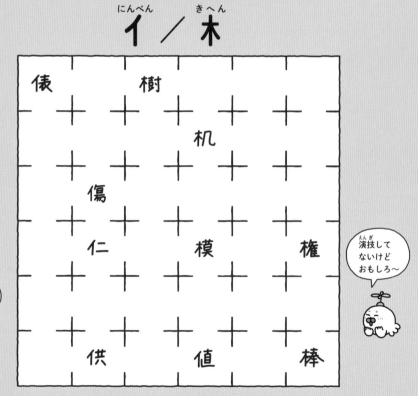

俵　樹

机

傷

仁　模　権

供　値　棒

台本と
ちがうけど…

演技して
ないけど
おもしろ～

答えは127ページへ。

ステージ
2

次は時代劇が始まるぞ。悪代官にさらわれた町の娘を待たちは助けられるのか？ちゃんと問題もとこう！

台本なくてもなんとかなるな

よいしょっと

数合わせパズル2

1、2、3、5、7、11、13の数を○の中に入れよう。
それぞれの四角の中の数をたして、
答えがすべて同じになるようにしてね。
同じ数は1回しか使えないよ。

答えは137ページへ。

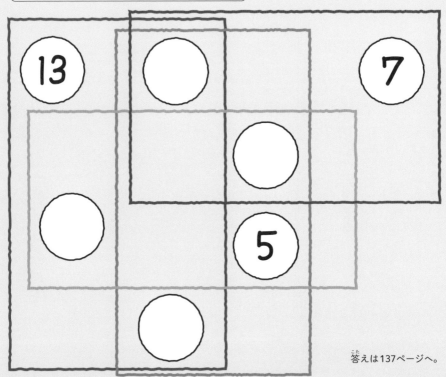

法則めいろ2

キャーッ

マスの上に書いてある数字は、ある法則に従って並んでいるよ。
その法則と同じように進んで、スタートからゴールまで行こう。
ななめに進んではだめ。同じマスは1回しか通れないよ。

なんだ？

$$4 \rightarrow 2 \rightarrow 5 \rightarrow 3 \rightarrow 6 \rightarrow 4$$

			スタート
5	8	6	7
ゴール 11	6	10	5
8	10	6	8
9	7	9	12

行って
みようぜ

答えは124ページへ。

35

エリアわけ2

部首が同じ漢字をまとめて、ふたつのエリアにわけよう。
引ける線は1本だけで、とちゅうで2本にわかれてはだめだよ。
すべてのマスを通らなくてOK。線はななめには引けないよ。

ごんべん／さんずい

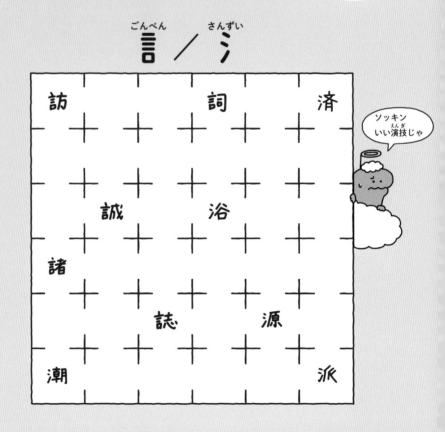

ソッキン
いい演技じゃ

答えは126ページへ。

36

回転する漢字 2

下の図形を、真ん中の線で回転させてみよう。
何の漢字がうかび上がるかな？

お手本

答えは128ページへ。

砂時計 2

空いているマスに、左の数を選んで入れよう。
となり合ったふたつの数をたして、
たした答えの一の位の数が、
お手本と同じように矢印の先に入るんだ。
左の数は1回ずつしか使えないよ。

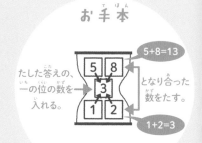

お手本

5+8=13

たした答えの、一の位の数を入れる。

となり合った数をたす。

1+2=3

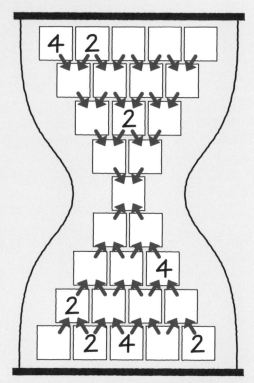

私はサムライ

お困りなら助けよう

答えは130ページへ。

38

ブロック分割1

○の中の数が、それ以外の数の
かけ算の答えになるように、線で囲んでわけよう。
すべてのマスを使ってね。ななめには囲めないよ。

2	3	2	2	2
2	⑨⓪	3	3	㊤⑥
2	⑦②	2	5	2
㊷	3	㉔	3	7
3	7	2	2	2

カメレオン
サムライ

カッコイイ

答えは132ページへ。

天才言葉集め2

それぞれの四角の中から、ひとつだけちがうひらがなを見つけて、
下の❶〜❺に1文字ずつ入れてね。何という言葉になるかな？

❶
```
ががががががががが
ががががががががが
ががかがががががが
ががががががががが
ががががががががが
ががががががががが
ががががががががが
ががががががががが
ががががががががが
```

❷
```
ざざざざざざざざざ
ざざざざざざざざざ
ざざざざどざざざざ
ざざざざざざざざざ
ざざざざざざざざざ
ざざざざざざざざざ
ざざざざざざざざざ
ざざざざざざざざざ
```

❸
```
かかかかかかかかか
かかかかかがかかか
かかかかかかかかか
かかかかかかかかか
かかかかかかかかか
かかかかかかかかか
かかかかかかかかか
かかかかかかかかか
かかかかかかかがか
```

❹
```
ななななななななな
ななななななななな
ななななたなななな
ななななななななな
ななななななななな
ななななななななな
ななななななななな
ななななななななな
ななななななななな
```

❺
```
ちちちちちちちちち
ちちちちちちちちつち
ちちちちちちちちち
ちちちちちちちちち
ちちちちちちちちち
ちちちちちちちちち
ちちちちちちちちち
ちちちちちちちちち
```

意見を述べるときは、

❶	❷	❸	❹	❺	

言い方をしてはいけない。

できる言葉の意味：他人との関係が、おだやかでなくなること。

答えは134ページへ。

慣用句めいろ1

「へ→た→の→よ→こ→ず→き」の順番に3回くり返して、
スタートからゴールまで行こう。
すべてのマスを通らなくてもOK。ななめに進んではだめ。
同じマスは1回しか通れないよ。

へた　よこ ず き
下手の横好き…下手なのに、それが好きであり、熱心であること。

お手本

ごまをする……
人に気に入られるようなことを、
わざと言ったり行ったりすること。

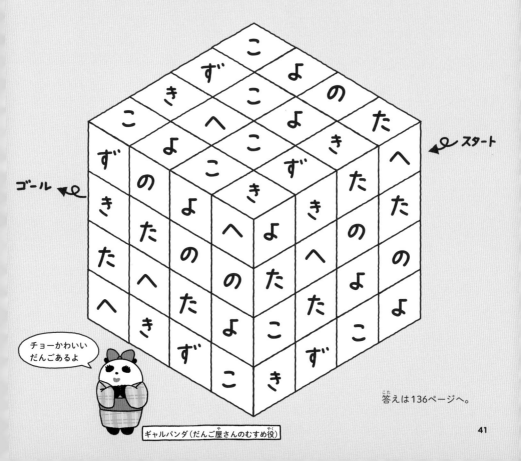

←スタート

ゴール←

チョーかわいい
だんごあるよ

ギャルパンダ（だんご屋さんのむすめ役）

答えは136ページへ。

41

倍数クロス2

お手本
2と5の倍数クロス

12	5		2
		4	
	10		6
15		8	

4と5の倍数を、それぞれ別の線でつなごう。

4の倍数は4から、5の倍数は5からスタートして、

線はすべてのマスを通ってね。4の倍数と5の倍数で、

同じ数になるところ（4と5の公倍数）は、線が交差するんだ。

ななめには進めないよ。

倍数の意味

ある数に自然数（1、2、3、4、……と続く数）をかけてできる数のこと。

例えば、3の倍数は3、6、9、12、15、18、21、24、27、30、33、……のこと。

					24	
28		4	15			
						30
	5			20		
8						
		10		16		
		12			25	

だんごに目もくれず
修行する
台本なんじゃが…

だんご
うめー

答えは138ページへ。

42

ドミノ筆算2

ひっさん
筆算をばらばらにしたドミノがあるよ。

ドミノの向きはそのままで、

筆算の空いているマスに入れて、正しい計算にしてね。

答えは140ページへ。

二字熟語つなぎ2

ふたつの漢字をつなげて、熟語を完成させよう。
線はすべてのマスを通ってね。ななめに進んではだめ。
同じマスは1回しか通れないよ。

お手本

ここから先は
通さない

ニンニンジ

よし、お城へ
向かおう

ハリボテ
だな

めんど
くさ〜い

答えは126ページへ。

反対言葉つなぎ1

ふたつで一組になるように、
反対の意味の言葉を線でつなごう。
線はすべてのマスを通ってね。ななめに進んではだめ。
同じマスは1回しか通れないよ。

お手本

明るい		高い
低い	暗い	

				権利	田舎
	冷酷	優勢	減少		
			都会		
義務					
			増加		
温厚	劣勢				

手裏剣が
にげたから
また今度！

まて〜

わ 一

答えは141ページへ。

星の手裏剣

45

分数てんびん1

2か3か4を、ひとつずつ□の中に入れよう。
真ん中には、左右のてんびんの
数のちがいが書いてあるんだ。
同じ数は1回しか使えないよ。

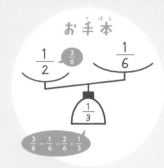

使った数のチェック

2　3　4

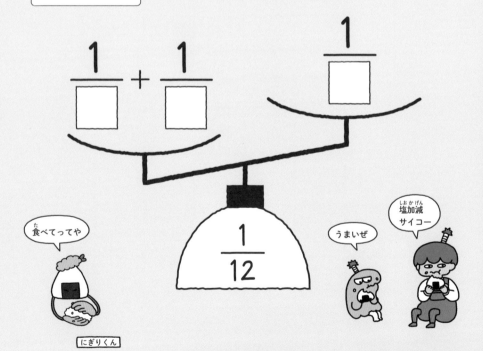

答えは127ページへ。

46

親子パズル1

22と42は親の数、その他は子どもの数とするよ。

親の数から出ている線を、子どもの数とつなげよう。

子どもの数をすべてかけると、親の数になるんだ。

親の数から出ている線は全部使うよ。すべてのマスを通ってね。

ななめに進んではだめ。同じマスは1回しか通れないよ。

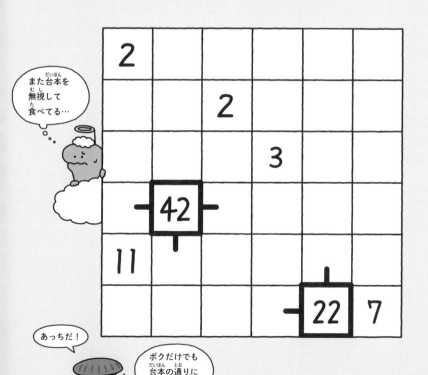

答えは129ページへ。

47

動物言葉つなぎ1

クライマックス
ですよ

□に動物を入れると、ことわざや慣用句になるよ。□に当てはまる動物と、
ことわざや慣用句の意味を線でつなごう。ただし、動物だけひとつ余るよ。

□の遠吠え

とらぬ □の皮算用

□の一声

□の尾を踏む

つる

たぬき

犬

鳥

とら

まだ手にしていないものに期待して、それを当てにした計算をすること。

多くの人の意見や話し合いをおさえつける、えらい人の一言のこと。

とても危険なことをすること。

おくびょうな人が、かげで悪口や強がりを言うこと。

答えは131ページへ。

集中！ 四字熟語さがし2

それぞれの四角の中から、ひとつだけちがう漢字を見つけて、
下の❶〜❹に1文字ずつ入れてね。
何という四字熟語になるかな？

❶ （田の漢字の中に「用」がまじった四角）　❷ （慮の漢字の中に「意」がまじった四角）

❸ （同の漢字の中に「周」がまじった四角）　❹ （倒の漢字の中に「到」がまじった四角）

読み方まで
わかるかな？

❶	❷	❸	❹

桜 ふぶき
だ〜

できる四字熟語の意味：用意がじゅうぶんに行き届いていること。

答えは133ページへ。

分数まほうじん 1

□に正しい数を入れよう。

縦・横・ななめの分数をたすと、

どこも 1 になるようにしてね。

お手本

$\frac{4}{15}$	$\frac{1}{5}$	$\frac{8}{15}$
$\frac{3}{5}$	$\frac{1}{3}$	$\frac{1}{15}$
$\frac{2}{15}$	$\frac{7}{15}$	$\frac{2}{5}$

$\frac{4}{15} + \frac{3}{5} + \frac{2}{15} = \frac{4}{15} + \frac{9}{15} + \frac{2}{15} = \frac{15}{15} = 1$

$\frac{4}{15} + \frac{1}{3} + \frac{2}{5} = \frac{4}{15} + \frac{5}{15} + \frac{6}{15} = \frac{15}{15} = 1$

$\frac{4}{15} + \frac{1}{5} + \frac{8}{15} = \frac{4}{15} + \frac{3}{15} + \frac{8}{15} = \frac{15}{15} = 1$

$\frac{\square}{2}$	$\frac{\square}{9}$	$\frac{5}{18}$
$\frac{1}{9}$	$\frac{1}{3}$	$\frac{\square}{9}$
$\frac{\square}{18}$	$\frac{4}{9}$	$\frac{1}{\square}$

ソッキンまで
台本を無視して…

花より
だんご〜

もぐ
もぐ
もぐ

桜って
テンション
上がるよな

だな

答えは135ページへ。

ドミノまほうじん1

ドミノをマスの中に入れよう。縦・横・ななめの数を
たして、どこも5になるように入れてね。ドミノの向
きは、回転させたり、逆さまにしたりしてもOKだよ。

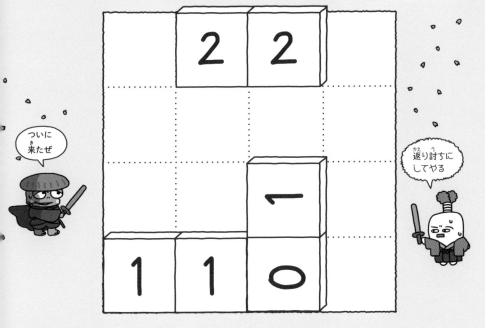

ついに来たぜ

返り討ちにしてやる

使えるドミノ

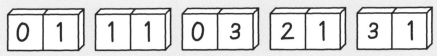

答えは137ページへ。

漢字パズル 1

右と左から1個ずつ選んで、小学5年生までに習う漢字を
5個作ろう。同じものは1回しか使えないよ。

お手本

イ ＞ ＜ ヒ

↓

化

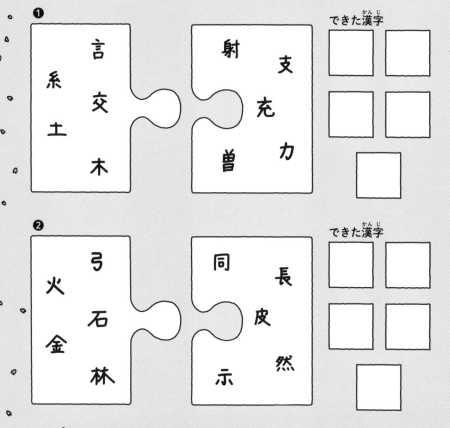

❶

言 交 木
系 土

射
支
充 力
曽

できた漢字

□ □

□ □

□

❷

弓 石 林
火 金

同
長
皮 然
示

できた漢字

□ □

□ □

□

答えは138ページへ。

同じ音をさがせ！1

同じ読み方の漢字が、縦・横・ななめのどこか1列に並んでいるよ。
どこかさがして、1本線を引いてね。

正義は
勝つ！

包	複	仏	防
法	豊	暴	報
望	忘	保	七
貿	版	破	判

めでたし
めでたし

一件落着
だな

答えは125ページへ。

53

ステージ
3

次はSFファンタジー。
与えられたミッションを
ヒーとマーは
クリアできるのか？
宇宙空間を漂いながら
問題をといて
みよう。

縦にたし、横にかける2

1、2、3、4、5、7、8、9の数を入れて、
マスをうめよう。同じ数は1回しか使えないよ。
縦はたし算、横はかけ算の答えになっているよ。

コノコヲ
サガシテイル
テツダッテ

わかった

へ〜

T-HIMA56

使った数のチェック

1　2　3　4　5　7　8　9

かける →

たす ↓

$$\square \times \square \times \square = 36$$
$$+ \quad + \quad +$$
$$\square \times \square \times \square = 30$$
$$+ \quad +$$
$$\square \times \square = 56$$
$$= \quad = \quad =$$
$$21 \quad 11 \quad 7$$

答えは143ページへ。

トランプまほうじん2

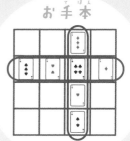

お手本

マスの中に16枚のトランプを並べよう。縦と横の同じ
列には、すべてちがうマーク、ちがう数字が並ぶんだ。
すでに置かれているカードをヒントにして並べてね。

トランプの
リスト

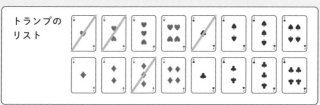

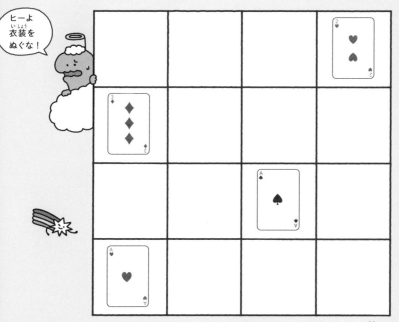

ヒーよ
衣装を
ぬぐな!

答えは130ページへ。

57

天才言葉集め3

それぞれの四角の中から、ひとつだけちがうひらがなを見つけて、下の❶〜❻に1文字ずつ入れてね。何という言葉になるかな?

マル

❶
おおおおおおおおおお
おおおおおおおおおお
おあおおおおおおおお
おおおおおおおおおお
おおおおおおおおおお
おおおおおおおおおお
おおおおおおおおおお
おおおおおおおおおお

❷
ろろろろろろろろろろ
ろろろろろろろろろろ
ろろろろろろろろろろ
ろろろろろろろろろろ
ろろろろろろろろろろ
ろろろろろろろてろろ
ろろろろろろろろろろ
ろろろろろろろろろろ

❸
とととととととととと
とととととととととと
とととととととととと
とととととととととと
とととととととととと
とととととととととと
ととどととととととと
とととととととととと

❹
しししししししししし
しししししししししし
しししししししししし
しししししししししし
しししししししししし
しししししししもしし
しししししししししし
しししししししししし

イナイヨ

サンカク

❺
ははははははははははは
はなははははははははは
ははははははははは
ははははははははは
ははははははははは
ははははははははは
ははははははははは
ははははははははは

❻
りりりりりりりりりり
りりりりりりりりりり
りりりりりりりりりり
りりりりりいりりり
りりりりりりりりりり
りりりりりりりりりり
りりりりりりりりりり

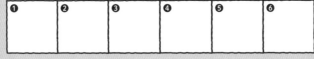

❶	❷	❸	❹	❺	❻

旅に出る。

できる言葉の意味:目的地や行くあてがなく、さまようようす。

答えは144ページへ。

体言葉つなぎ2

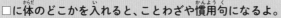

ついて行こう

アッチだよ

シカク

□に体のどこかを入れると、ことわざや慣用句になるよ。
□に当てはまる体の部分と、ことわざや慣用句の意味を線でつなごう。
ただし、体の部分だけひとつ余るよ。

□であしらう

□から火が出る

後ろ□を引かれる

□を決める

腹

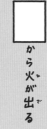
歯

かみ（がみ）

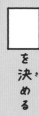
鼻

顔

決心すること。

相手の言葉を適当に聞いて、冷たくあつかうこと。問題にしないこと。

心残りがあったり、後のことが気になったりして、思い切れないこと。

とても恥ずかしくて、顔が真っ赤になること。

答えは145ページへ。

数合わせパズル3

1、2、3、5、7、11、13の数を○の中に入れよう。

それぞれの四角の中の数をたして、

答えがすべて同じになるようにしてね。

同じ数は1回しか使えないよ。

お手本

□ の中……1 + 2 + 3 = 6
□ の中……2 + 4 = 6

使った数のチェック

1 ✓　2　3 ✓　5　7 ✓　11　13

ひとやすみ

つかれた

答えは128ページへ。

法則めいろ3

マスの上に書いてある数字は、ある法則に従って並んでいるよ。
その法則と同じように進んで、スタートからゴールまで行こう。
ななめに進んではだめ。同じマスは1回しか通れないよ。

答えは130ページへ。

回転する漢字３

下の図形を、真ん中の線で回転させてみよう。
何の漢字がうかび上がるかな？

お手本

おまえたち、そいつを
こちらにわたせ…
ってアレ？　いない

答えは132ページへ。

動物言葉つなぎ2

□に動物を入れると、ことわざや慣用句になるよ。□に当てはまる動物と、ことわざや慣用句の意味を線でつなごう。ただし、動物だけひとつ余るよ。

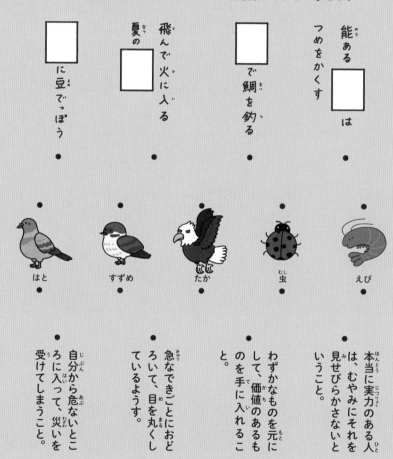

□に豆でっぽう

飛んで火に入る夏の□

□で鯛を釣る

能ある□はつめをかくす

はと　すずめ　たか　虫　えび

自分から危ないところに入って、災いを受けてしまうこと。

急なできごとにおどろいて、目を丸くしているようす。

わずかなものを元にして、価値のあるものを手に入れること。

本当に実力のある人は、むやみにそれを見せびらかさないということ。

答えは139ページへ。

ブロック分割2

○の中の数が、それ以外の数の
かけ算の答えになるように、線で囲んでわけよう。
すべてのマスを使ってね。ななめには囲めないよ。

お手本

$5×2×3=30$

$5×3×4=60$

$2×2×3×5=60$

$3×2=6$

30	5	5	60
2	2	3	4
3	2	3	2
3	60	5	6

2	3	5	56	2
2	60	2	3	2
2	72	5	2	2
2	3	2	2	7
18	3	3	2	40

エキストラの
人工衛星です

人工衛星鳥

答えは136ページへ。

3けたてんびんパズル2

1〜6のどれかをひとつずつマスの中に入れて、
3けたの数を作ろう。てんびんの真ん中には、
大きい数から小さい数をひいた答えが書いてあるよ。
○には偶数（2か4か6）、□には奇数（1か3か5）が入るんだ。
同じ数は1回しか使えないよ。

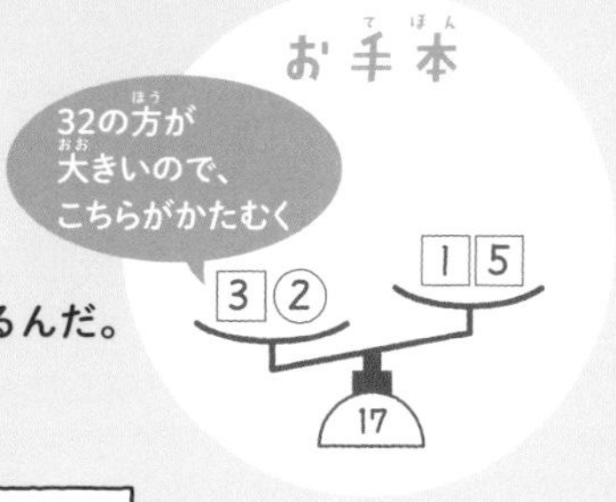

お手本

32の方が
大きいので、
こちらがかたむく

3 2   1 5

17

❶

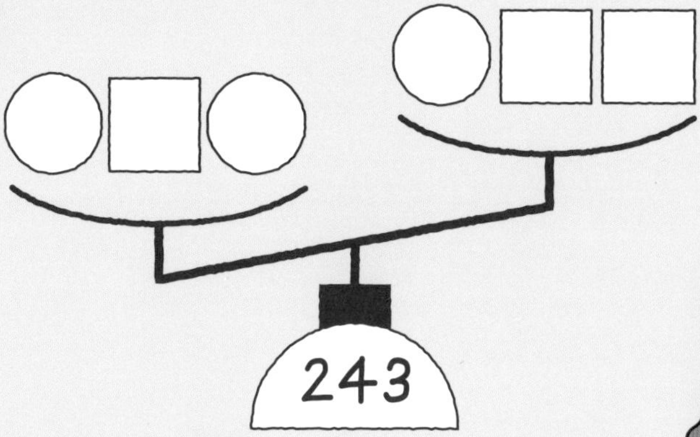

243

話が進まないから
出番がこない

❷

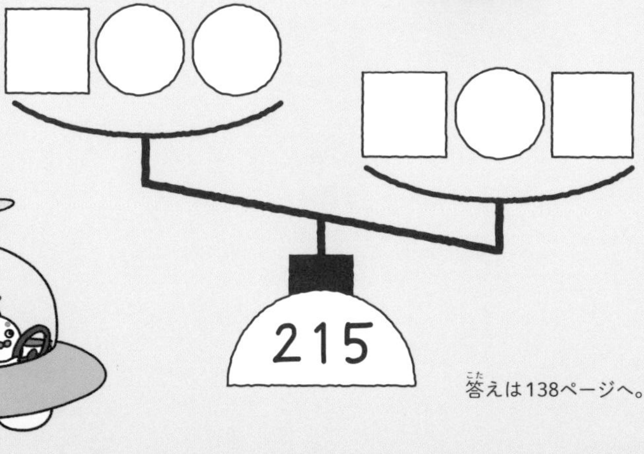

215

小道具の宇宙船
たのしい

答えは138ページへ。

集中！ 四字熟語さがし 3

それぞれの四角の中から、ひとつだけちがう漢字を見つけて、
下の❶～❹に1文字ずつ入れてね。
何という四字熟語になるかな？

見つけた

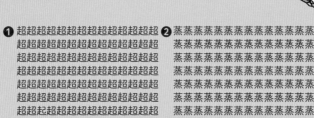

❶　❷　❸　❹

読み方までわかるかな？

できる四字熟語の意味：文章や物事を組み立てる順序のこと。

答えは140ページへ。

ラビッピ

漢字パズル 2

右と左から1個ずつ選んで、小学5年生までに習う漢字を
5個作ろう。同じものは1回しか使えないよ。

イ→ヒ
↓
化

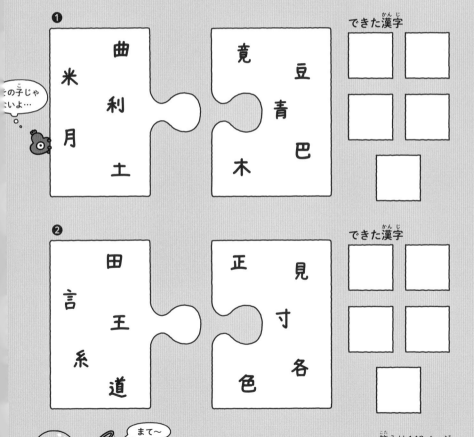

❶

曲
米 利
月 土

竟
豆
青
巴
木

できた漢字

❷

田
言 王
系 道

正
見
寸
各
色

できた漢字

答えは142ページへ。

67

小数ボックス1

空いているマスに小数を入れよう。
このボックスは、ひとつの面にある4つの小数をたすと、
どの面も20になるよ。

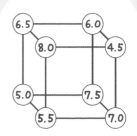

お手本

ひとつの面の4つの数をたすと、
6面すべて25になる。

6.5+8.0+4.5+6.0=25
6.5+8.0+5.5+5.0=25
……

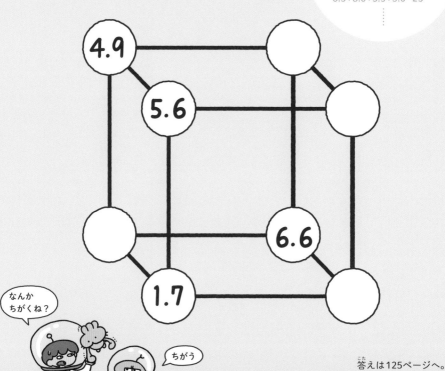

なんか
ちがくね？

ちがう

答えは125ページへ。

68

右左めいろ2

□の中に「右」か「左」のどちらかを入れて、めいろを完成させよう。スタートの矢印からマスの中に入り、□をすべて1回通って、ゴールの矢印から出てくるよ。「右」と書かれたマスに入ると右に、「左」と書かれたマスに入ると左に向きを変えて、何も書かれていないマスはまっすぐ進むよ。何も書かれていないマスは、何回通ってもOK。

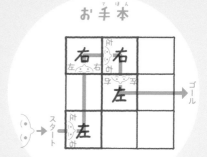

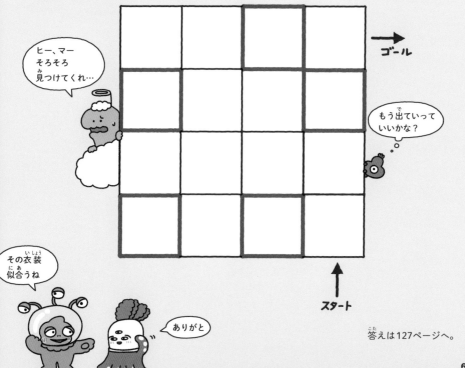

ヒー、マー
そろそろ
見つけてくれ…

もう出ていって
いいかな？

その衣装
似合うね

ありがと

答えは127ページへ。

69

慣用句さがしパズル2

下の5つのことわざや慣用句をさがして、線でつなごう。
ひとつの言葉は、1本の線でつながるよ。

お手本

悪事千里を走る…悪いうわさや悪い行いは、すぐに広まること。
住めば都…どんな所でも、慣れると居心地がよくなるということ。
親しき中にもれいぎあり…どんなに仲が良くても、れいぎは守るべきと
　　　いうこと。
玉みがかざれば光なし…才能があっても、努力しなければ立派な人にはなれないこと。
果報はねて待て…幸せは人の力ではどうにもならないので、あせらずにその時が来る
　　　のを待つのがよいということ。

馬が合う……
気が合うこと。
手を焼く……
手間がかかって苦労
すること。

どこだ～？

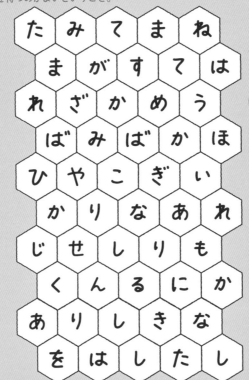

こいつじゃ
ない…

ニョロポンパ

答えは129ページへ。

70

エリアわけ 3

部首が同じ漢字をまとめて、ふたつのエリアにわけよう。
引ける線は 1 本だけで、とちゅうで 2 本にわかれてはだめだよ。
すべてのマスを通らなくて OK。線はななめには引けないよ。

お手本

艹（くさかんむり）／木（きへん）

つちへん　てへん

土 ／ 扌

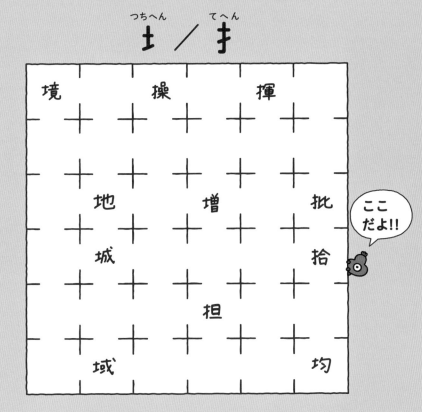

境　　操　　揮

地　　増　　批

城　　　　　拾

担

域　　　　　均

ここ
だよ!!

答えは 130 ページへ。

分数てんびん 2

2か3か4を、ひとつずつ□の中に入れよう。
真ん中には、左右のてんびんの
数のちがいが書いてあるんだ。
同じ数は1回しか使えないよ。

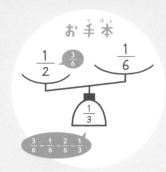

お手本

使った数のチェック
2　3　4

$$\frac{1}{\square} + \frac{1}{\square} \qquad \frac{1}{\square}$$

$$\frac{7}{12}$$

デカい声
だったな〜

やっと
見つけたぜ

台本が
めちゃくちゃ
じゃ〜

答えは133ページへ。

倍数クロス 3

4と5の倍数を、それぞれ別の線でつなごう。

4の倍数は4から、5の倍数は5からスタートして、

線はすべてのマスを通ってね。4の倍数と5の倍数で、

同じ数になるところ（4と5の公倍数）は、線が交差するんだ。

ななめには進めないよ。

倍数の意味
ある数に自然数（1、2、3、4、……と続く数）をかけてできる数のこと。
例えば、3の倍数は3、6、9、12、15、18、21、24、27、30、33、……のこと。

		16			30
12		35			
5			25	28	
		20			
	4		24		32
	8			15	
	10				36

答えは135ページへ。

ばらばら漢字パズル 1

下の5つの漢字を分解したら、
パーツがひとつなくなってしまったよ。
なくなったパーツは、どの漢字のどこかな？

禁　源　私　純　賛

答えは137ページへ。

ことわざめいろ2

「う→そ→か→ら→で→た→ま→こ→と」の順番に
4回くり返して、スタートからゴールまで行こう。
すべてのマスを通らなくてもOK。ななめに進んではだめ。
同じマスは1回しか通れないよ。

うそから出たまこと…うそのつもりで言ったことが、結果的に本当になること。

お手本

ねこに小判……
どんなにりっぱなも
のをあげても、その
人には価値がわから
ないことのたとえ。

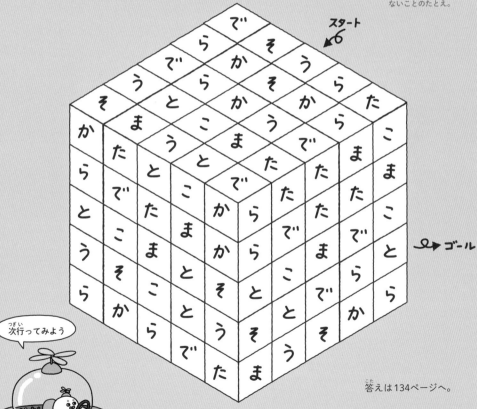

スタート

ゴール

答えは134ページへ。

次行ってみよう

75

ソッキンは伝えるのをあきらめた

ステージ 4

次はシンデレラの劇だ。姉たちの意地悪に負けずシンデレラは幸せになれるのか？感動しながら問題をとこう。

うまい

ちょっと腹ごしらえ

砂時計3

空いているマスに、左の数を選んで入れよう。
となり合ったふたつの数をたして、
たした答えの一の位の数が、
お手本と同じように矢印の先に入るんだ。
左の数は1回ずつしか使えないよ。

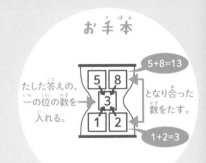

お手本

5+8=13

たした答えの、
一の位の数を
入れる。

となり合った
数をたす。

1+2=3

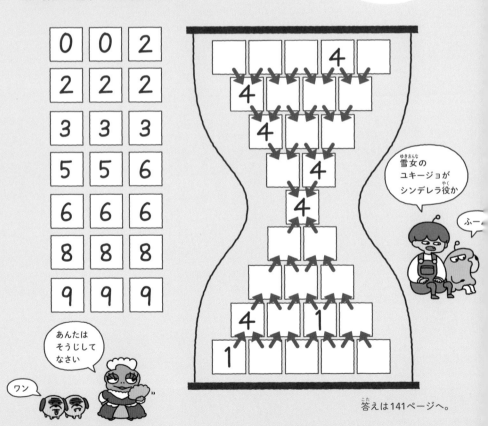

雪女の
ユキージョが
シンデレラ役か

ふー

あんたは
そうじして
なさい

ワン

フレブルドッグ

答えは141ページへ。

78

ブロック分割 3

○の中の数が、それ以外の数の
かけ算の答えになるように、線で囲んでわけよう。
すべてのマスを使ってね。ななめには囲めないよ。

お手本

30	5	5	60
2	2	3	4
3	3	2	2
3	60	5	6

5×2×3＝30　5×3×4＝60　2×2×3×5＝60　3×2＝6

3	2	3	3	2	3
3	90	5	2	2	54
2	2	7	2	56	3
3	2	48	2	2	40
2	2	7	2	2	5
2	60	5	2	84	3

うぅ…

答えは143ページへ。

ユキージョ（シンデレラ役）

回転する漢字 4

下の図形を、真ん中の線で回転させてみよう。
何の漢字がうかび上がるかな？

お手本

ワタシたちだけで
ぶとう会へ
行きましょ

ワン

ワン

シンデレラに
ぶどうを
食べさせない
つもりか…

ひどい

答えは137ページへ。

エリアわけ4

お手本

艹（くさかんむり）／木（きへん）

部首が同じ漢字をまとめて、ふたつのエリアにわけよう。
引ける線は1本だけで、とちゅうで2本にわかれてはだめだよ。
すべてのマスを通らなくてOK。線はななめには引けないよ。

金／糸
（かねへん）（いとへん）

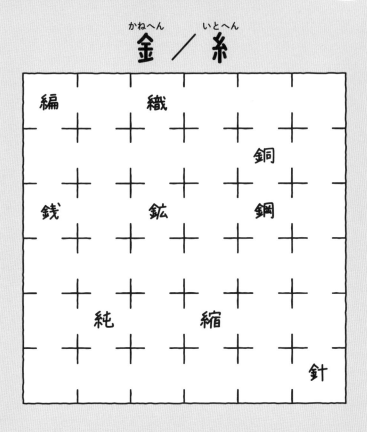

答えは124ページへ。

トランプまほうじん3

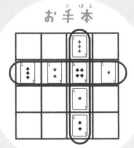

お手本

マスの中に16枚のトランプを並べよう。縦と横の同じ列には、すべてちがうマーク、ちがう数字が並ぶんだ。すでに置かれているカードをヒントにして並べてね。

トランプの
リスト

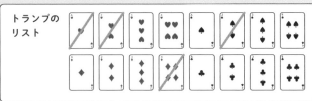

私も
ぶとう会に
行きたい〜

答えは126ページへ。

法則めいろ 4

マスの上に書いてある数字は、ある法則に従って並んでいるよ。
その法則と同じように進んで、スタートからゴールまで行こう。
ななめに進んではだめ。同じマスは1回しか通れないよ。

15 → 17 → 12 → 13 → 15 → 10

					スタート
5	12	9	8	13	11
4	6	11	6	7	13
9	7	9	4	6	8
7	1	7	5	11	9
2	10	2	3	7	9
ゴール 0	5	3	5	2	9

答えは128ページへ。

83

天才言葉集め4

これで
ぶとう会へ
行くといい

それぞれの四角の中から、ひとつだけちがうひらがなを見つけて、
下の❶～❻に1文字ずつ入れてね。何という言葉になるかな？

❶ ててててててててててて
ててててててててててて
ててててててててててて
ててててててててててて
ててててててててててて
ててててててててててて
ててててててててててて
てててててつててててて
ててててててててててて

❷ ぼぼぼぼぼぼぼぼぼぼ
ぼぼぼぼぼぼぼぼぼぼ
ぼぼぼぼぼぼぼぼぼぼ
ぼぼぼぼぼぼぼぼぼぼ
ぼぼぼぼぼぼぼぼぼぼ
ぼぼぼぼぼぼぼぼぼぼ
ぼぼぼぼぼぼぼぼぼぼ
ぼぼぼぼぼぼぼぼぼぼ
ぼぼぼぼぼぼぼぼぼぼ

❸ せせせせせせせせせせ
せせせせせぜせせせせせ
せせせせせせせせせせ
せせせせせせせせせせ
せせせせせせせせせせ
せせせせせせせせせせ
せせせせせせせせせせ
せせせせせせせせせせ
せせせせせせせせせせ

❹ いいいいいいいいいいい
いいいいいいいいいいい
いいいいいいいいいいい
いいいいりいいいいいい
いいいいいいいいいいい
いいいいいいいいいいい
いいいいいいいいいいい
いいいいいいいいいいい
いいいいいいいいいいい

わぁ
ステキなドレスと
大根の馬車！

❺ おおおおおおおおおお
おおおおおおおおおお
おおおおおおおおおお
おおおおおおおおおお
おおおおおおおおおお
おおおおおおおおおお
おおおおおおおおおお
おおおおおおおおあお
おおおおおおおおおお

❻ りりりりりりりりりり
りりりりりりりりりり
りりりりりいりりりり
りりりりりりりりりり
りりりりりりりりりり
りりりりりりりりりり
りりりりりりりりりり
りりりりりりりりりり
りりりりりりりりりり

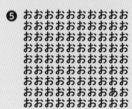 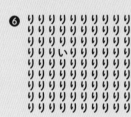 

❶	❷	❸	❹	❺	❻

を制して優勝する。

できる言葉の意味：おたがいに激しく勝負を争うこと。

答えは132ページへ。

画数めいろ2

漢字の画数が小さい順に進んで、いちばん近い道を通って
スタートからゴールまで行こう。すべての漢字を通るけど、
すべてのマスは通らなくてOK。同じ道は1回しか通れないよ。

答えは134ページへ。

ドミノまほうじん 2

ドミノをマスの中に入れよう。縦・横・ななめの数をたして、どこも11になるように入れてね。ドミノの向きは、回転させたり、逆さまにしたりしてもOKだよ。

お手本

どこをたしても8の例

2+3+1+2 =8

2+4+1+1 =8

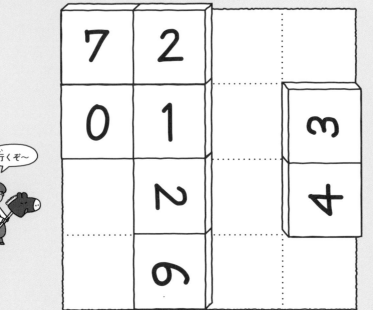

ぶどう!!

行くぞ～

使えるドミノ

答えは136ページへ。

約数つなぎ 2

42の約数を、小さい順につなごう。
42の約数でない数はよけながら、
それ以外のマスをすべて通ってね。ななめに進んではだめ。
同じマスは1回しか通れないよ。

約数の意味

約数とは、ある数をわり切ることができる数のこと。例えば、8の約数は
1、2、4、8だ。「8÷○」としたときに、余りが出ない数だよ。

14			8	6		
	ゴール 42					
					7	
スタート 1				3		
	16		21			
						2

もうすぐ
お城だよ

答えは138ページへ。

慣用句めいろ2

「う→ら→め→に→で→る」の順番に3回くり返して、
スタートからゴールまで行こう。
すべてのマスを通らなくてもOK。ななめに進んではだめ。
同じマスは1回しか通れないよ。

裏目に出る…よい結果を期待してやったことが、かえって悪い結果に
なること。

お手本

ごまをする……
人に気に入られるようなことを、
わざと言ったり行ったりすること。

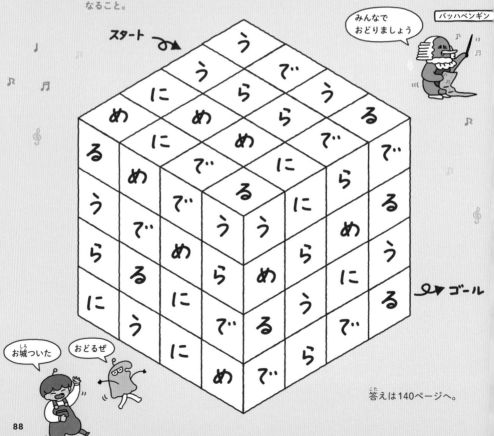

スタート

みんなで
おどりましょう

バッハペンギン

ゴール

お城ついた

おどるぜ

答えは140ページへ。

四字熟語つなぎ 1

下のふたつの四字熟語が完成するように、読み方の順に
それぞれ線でつなごう。線はすべてのマスを通ってね。
ななめに進んではだめ。同じマスは1回しか通れないよ。

一望千里…広々としていて、見晴らしがいいこと。広大な景色を一目で
見わたせること。
温故知新…昔のことを勉強して、新しい考え方や知識を得ること。

お手本

一石二鳥……
ひとつのことをして、
ふたつのいいことを
手に入れるたとえ。

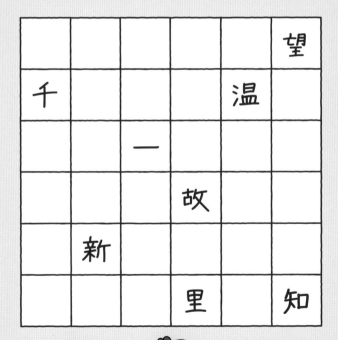

答えは142ページへ。

89

親子パズル2

24と75と77は親の数、その他は子どもの数とするよ。
親の数から出ている線を、子どもの数とつなげよう。
子どもの数をすべてかけると、親の数になるんだ。
親の数から出ている線は全部使うよ。すべてのマスを通ってね。
ななめに進んではだめ。同じマスは1回しか通れないよ。

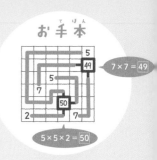

お手本

$7 \times 7 = 49$

$5 \times 5 \times 2 = 50$

ユキージョ
ダンス
うまいな

さすが
だぜ

答えは125ページへ。

回転ドミノ筆算1

お手本

筆算をばらばらにしたドミノがあるよ。
筆算の空いているマスに入れて、正しい計算にしてね。
ドミノの向きは、回転させたり、逆さまにしたりしてもOKだよ。

答えは127ページへ。

演技なんてもういいわ

私らしくおどるの！

91

集中! 四字熟語さがし4

それぞれの四角の中から、ひとつだけちがう漢字を見つけて、
下の❶〜❹に1文字ずつ入れてね。
何という四字熟語になるかな?

❶ 記記記記記記記記記記記記
　記記記記記記記記記記記記
　記記記記記記記記記記記記
　記記記記記記記記記記記記
　記記記記記記記記記記記記
　記記記記記記記記記記記記
　記記記記記記記記記記記記
　記記記記試記記記記記記記
　記記記記記記記記記記記記
　記記記記記記記記記記記記

❷ 住住住住住住住住住住住住
　住住住住住住住住住住住住
　住住住住住行住住住住住住
　住住住住住住住住住住住住
　住住住住住住住住住住住住
　住住住住住住住住住住住住
　住住住住住住住住住住住住
　住住住住住住住住住住住住
　住住住住住住住住住住住住
　住住住住住住住住住住住住

❸ 鉄鉄鉄鉄鉄鉄鉄鉄鉄鉄鉄鉄
　鉄鉄鉄鉄鉄鉄鉄鉄鉄鉄鉄鉄
　鉄鉄鉄鉄鉄鉄鉄鉄鉄鉄鉄鉄
　鉄鉄鉄鉄鉄鉄鉄鉄鉄鉄鉄鉄
　鉄鉄鉄鉄鉄鉄鉄鉄鉄鉄鉄鉄
　鉄鉄鉄鉄鉄鉄鉄鉄鉄鉄鉄鉄
　鉄鉄鉄鉄鉄鉄鉄鉄鉄鉄鉄鉄
　鉄鉄鉄鉄鉄鉄鉄鉄鉄鉄鉄鉄
　鉄鉄鉄鉄鉄鉄鉄鉄錯鉄鉄鉄

❹ 語語語語語語語語語語語語
　語語語語語語語語語語語語
　語語語語誤語語語語語語語
　語語語語語語語語語語語語
　語語語語語語語語語語語語
　語語語語語語語語語語語語
　語語語語語語語語語語語語
　語語語語語語語語語語語語
　語語語語語語語語語語語語
　語語語語語語語語語語語語

読み方まで
わかるかな?

❶ ❷ ❸ ❹

できる四字熟語の意味:色々なやり方を何度も試して、失敗しながら解決方法をさがすこと。

答えは128ページへ。

書き順めいろ2

赤い線で書かれたところが2画目である漢字を通って、
スタートからゴールまで行こう。
2画目である漢字はすべて通ってね。同じ道は1回しか通れないよ。

スタート

条	恩	冊	私	呼
費	快	再	士	降
留	己	骨	可	済
蚕	状	輪	武	孝 **ゴール**
営	喜	災	犯	視

答えは131ページへ。

93

3けたてんびんパズル3

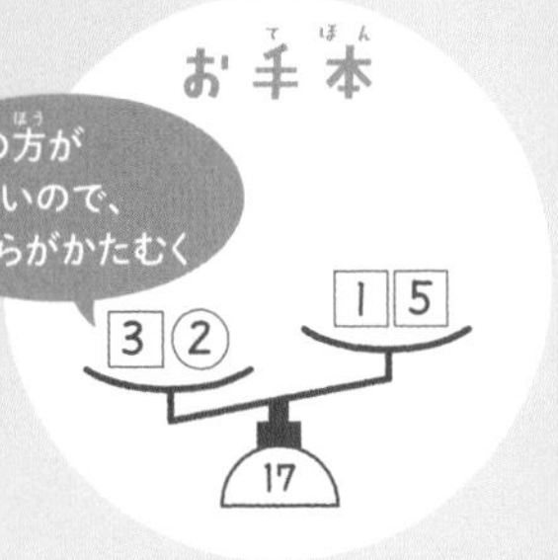

1～6のどれかをひとつずつマスの中に入れて、
3けたの数を作ろう。てんびんの真ん中には、
大きい数から小さい数をひいた答えが書いてあるよ。
○には偶数（2か4か6）、□には奇数（1か3か5）が入るんだ。
同じ数は1回しか使えないよ。

お手本

32の方が
大きいので、
こちらがかたむく

[3] [2]   [1] [5]

[17]

❶

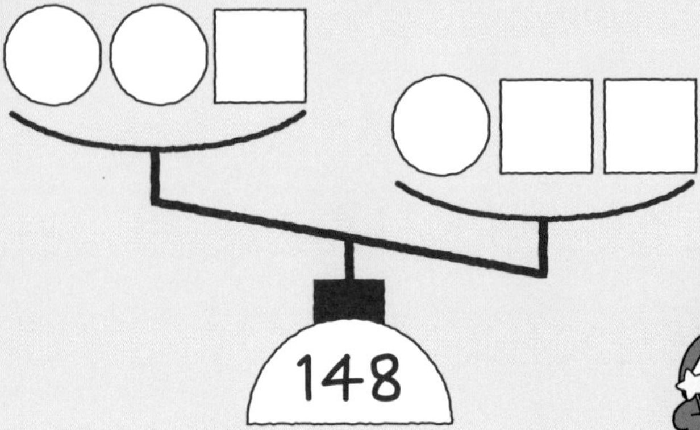

[148]

よかった
幸せになりな

❷

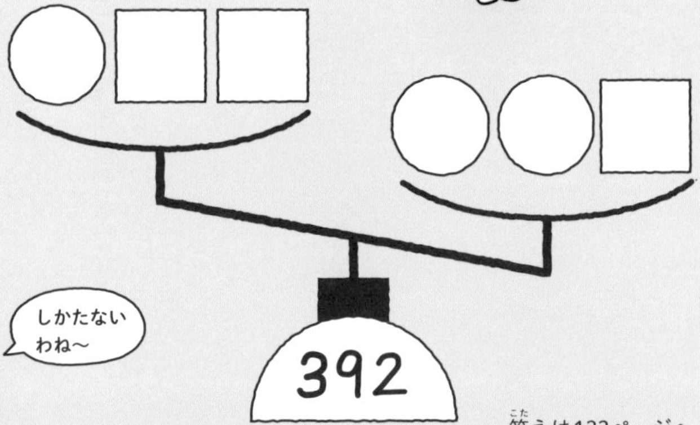

[392]

いっしょに
おどりましょう

しかたない
わね〜

答えは133ページへ。

分数まほうじん2

□に正しい数を入れよう。
縦・横・ななめの分数をたすと、
どこも1になるようにしてね。

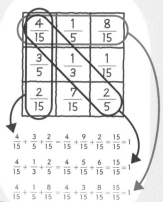

お手本

$$\frac{4}{15}+\frac{3}{5}+\frac{2}{15}=\frac{4}{15}+\frac{9}{15}+\frac{2}{15}=\frac{15}{15}=1$$

$$\frac{4}{15}+\frac{1}{3}+\frac{2}{5}=\frac{4}{15}+\frac{5}{15}+\frac{6}{15}=\frac{15}{15}=1$$

$$\frac{4}{15}+\frac{1}{5}+\frac{8}{15}=\frac{4}{15}+\frac{3}{15}+\frac{8}{15}=\frac{15}{15}=1$$

$\frac{\square}{18}$	$\frac{1}{9}$	$\frac{1}{2}$
$\frac{4}{9}$	$\frac{1}{3}$	$\frac{\square}{9}$
$\frac{1}{\square}$	$\frac{5}{\square}$	$\frac{5}{18}$

くやし〜
なんで
ワタシじゃないの？

クーンっ

体言葉つなぎ3

あれ？ぶどう会は？

わかんないけどたのしかったからもういいや

□に体のどこかを入れると、ことわざや慣用句になるよ。□に当てはまる体の部分と、ことわざや慣用句の意味を線でつなごう。ただし、体の部分だけひとつ余るよ。

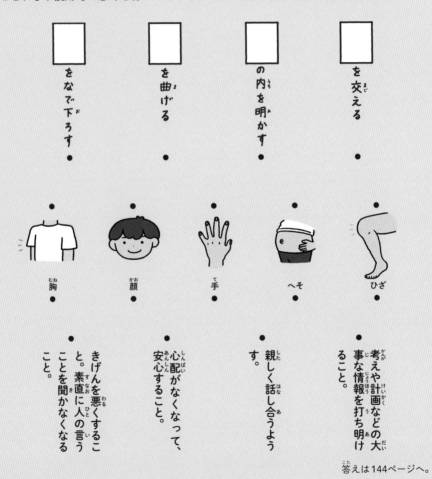

□をなで下ろす・

□を曲げる・

□の内を明かす・

□を交える・

むね胸

かお顔

て手

へそ

ひざ

・きげんを悪くすること。素直に人の言うことを聞かなくなること。

・心配がなくなって、安心すること。

・親しく話し合うようす。

・考えや計画などの大事な情報を打ち明けること。

答えは144ページへ。

漢字パズル 3

右と左から1個ずつ選んで、小学5年生までに習う漢字を
5個作ろう。同じものは1回しか使えないよ。

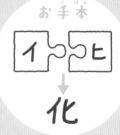

イ ⤍ ヒ
↓
化

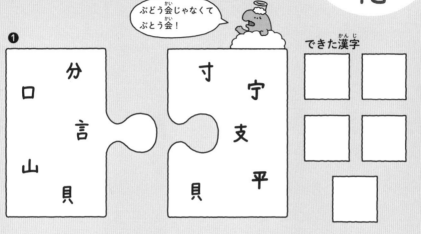

ぶどう会じゃなくて
ぶとう会！

①

分
口
言
山
貝

寸
宁
支
平
貝

できた漢字

②

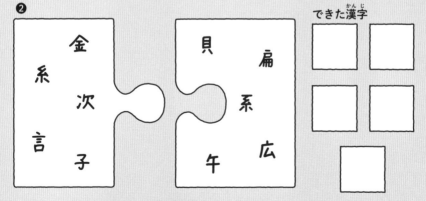

金
系
次
言
子

貝
扁
系
広
午

できた漢字

ちゃんと
演技してるの
うちらだけ？

そうかも

答えは139ページへ。

97

ステージ 5

最後は海ぞくの劇だ。
大海原へと進む海ぞくたち。
宝を見つけることは
できるのか？
冒険をたのしみながら
問題をとこう！

冒険だって

たのしそうだな

数合わせパズル4

1、2、3、5、7、11、13の数を○の中に入れよう。
それぞれの四角の中の数をたして、
答えがすべて同じになるようにしてね。
同じ数は1回しか使えないよ。

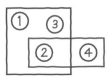

お手本

□の中……1＋2＋3＝6
□の中……2＋4＝6

使った数のチェック

| 1 | 2 | 3 | 5 | 7 | 11 | 13 |

みなのもの
出発じゃ～

ボクたちも
ヒーとマー
みたいに
自然体で
演じてみよう

うん

答えは141ページへ。

ブロック分割4

○の中の数が、それ以外の数の
かけ算の答えになるように、線で囲んでわけよう。
すべてのマスを使ってね。ななめには囲めないよ。

お手本

5×2×3
=30

5×3×4
=60

30	5	5	60
2	2	3	4
3	2	3	2
3	60	5	6

2×2×3×5
=60

3×2
=6

3	2	2	3	7	3
2	72	2	2	5	2
2	5	3	2	90	7
40	2	60	84	3	2
3	5	2	2	3	56
3	2	3	54	2	2

メンダコ
（海ぞく役）

答えは143ページへ。

ことわざめいろ 3

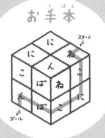

お手本

ねこに小判……
どんなにりっぱなも
のをあげても、その
人には価値がわから
ないことのたとえ。

「な→な→こ→ろ→び→や→お→き」の順番に 5 回くり返して、
スタートからゴールまで行こう。
すべてのマスを通らなくても OK。ななめに進んではだめ。
同じマスは 1 回しか通れないよ。

七転び八起き…何度失敗しても、くじけずにがんばること。また、人生は
　　　　　　失敗と成功のくり返しであるということ。

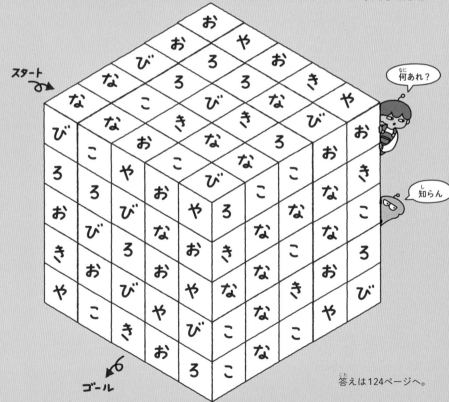

答えは 124 ページへ。

102

動物言葉つなぎ3

メッセージ
ボトルが
流れてきたよ

□に動物を入れると、ことわざや慣用句になるよ。□に当てはまる動物と、
ことわざや慣用句の意味を線でつなごう。ただし、動物だけひとつ余るよ。
動物は漢字の読み方が変わることもあるんだ。

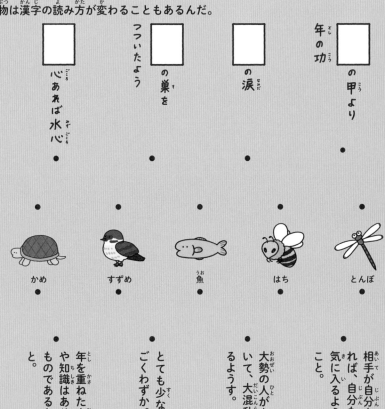

心あれば水心

□の巣をついたよう

□の涙

年の功□の甲より

かめ　すずめ　魚　はち　とんぼ

年を重ねた人の経験や知識はありがたいものであるということ。

とても少ないこと。ごくわずか。

大勢の人がさわいでいて、大混乱しているようす。

相手が自分を気に入れれば、自分も相手を気に入るようになること。

答えは129ページへ。

103

倍数クロス4

お手本
2と5の倍数クロス

12	5	2
		4
	10	6
15	8	

5と6の倍数を、それぞれ別の線でつなごう。
5の倍数は5から、6の倍数は6からスタートして、
線はすべてのマスを通ってね。5の倍数と6の倍数で、
同じ数になるところ（5と6の公倍数）は、線が交差するんだ。
ななめには進めないよ。

┌ 倍数の意味 ┐

ある数に自然数（1、2、3、4、……と続く数）をかけてできる数のこと。
例えば、3の倍数は3、6、9、12、15、18、21、24、27、30、33、……のこと。

宝の
地図じゃ!!

すげー！

	18			12	
			15		
	10		25		
	24				
35		5		20	6
		30		36	

答えは126ページへ。

ドミノまほうじん3

ドミノをマスの中に入れよう。縦・横・ななめの数をたして、どこも16になるように入れてね。ドミノの向きは、回転させたり、逆さまにしたりしてもOKだよ。

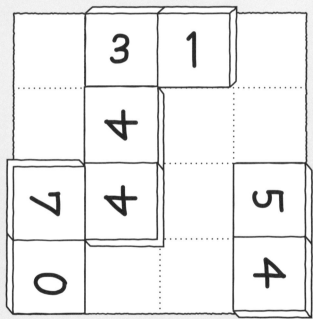

さがしに行こう！

使えるドミノ

| 8 | 1 | 4 | 3 | 5 | 7 | 8 | 0 |

答えは128ページへ。

同じ音をさがせ！2

同じ読み方の漢字が、縦・横・ななめの
どこか1列に並んでいるよ。
どこかさがして、1本線を引いてね。

レッツ
ゴー

検	看	慣	筋
険	刊	巻	幹
許	吸	干	勤
境	郷	供	胸

答えは135ページへ。

反対言葉つなぎ2

ふたつで一組になるように、
反対の意味の言葉を線でつなごう。
線はすべてのマスを通ってね。ななめに進んではだめ。
同じマスは1回しか通れないよ。

お手本

| | 明るい | | 高い |
| | 低い | 暗い | |

盤面：

		合成	故意		親密
	需要				
		分解			
				過失	
	疎遠	進化		供給	
退化					

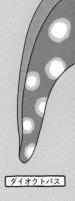

ダイオクトパス

巨大な
タコ足を
発見！

テシタリス

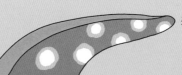

答えは136ページへ。

回転ドミノ筆算2

筆算をばらばらにしたドミノがあるよ。
筆算の空いているマスに入れて、正しい計算にしてね。
ドミノの向きは、回転させたり、逆さまにしたりしてもOKだよ。

お手本

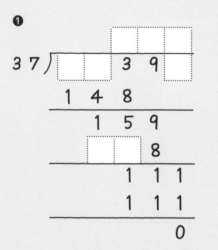

❶

❷

デカい

タコ焼き！

答えは139ページへ。

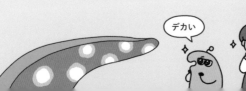

右左めいろ 3

□の中に「右」か「左」のどちらかを入れて、めいろを完成させよう。スタートの矢印からマスの中に入り、□をすべて1回通って、ゴールの矢印から出てくるよ。「右」と書かれたマスに入ると右に、「左」と書かれたマスに入ると左に向きを変えて、何も書かれていないマスはまっすぐ進むよ。何も書かれていないマスは、何回通ってもOK。

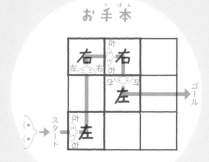

お手本

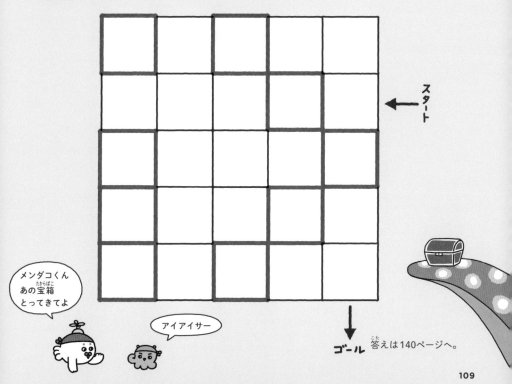

→ スタート

メンダコくん あの宝箱 とってきてよ

アイアイサー

ゴール　答えは140ページへ。

漢字パズル4

右と左から1個ずつ選んで、小学5年生までに習う漢字を
5個作ろう。同じものは1回しか使えないよ。

お手本

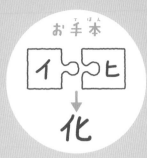

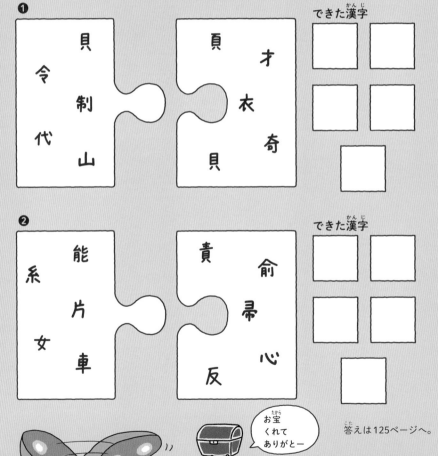

❶

貝
令
制
代
山

頁
才
衣
奇
貝

できた漢字

❷

能
糸
片
女
車

責
俞
尋
心
反

できた漢字

お宝
くれて
ありがとー

答えは125ページへ。

集中！ 四字熟語さがし 5

それぞれの四角の中から、ひとつだけちがう漢字を見つけて、
下の❶〜❹に1文字ずつ入れてね。
何という四字熟語になるかな？

❶
```
釘釘釘釘釘釘釘釘釘釘釘釘
釘釘釘釘釘釘釘釘釘釘釘
釘釘釘釘釘釘釘釘釘釘釘
釘釘釘釘釘釘釘釘釘釘釘
釘針釘釘釘釘釘釘釘釘釘
釘釘釘釘釘釘釘釘釘釘釘
釘釘釘釘釘釘釘釘釘釘釘
釘釘釘釘釘釘釘釘釘釘釘
釘釘釘釘釘釘釘釘釘釘釘
```

❷
```
少少少少少少少少少少少少
少少少少少少少少少少少少
少少少少少少少少少少少少
少少少少少少少少少少少少
少少少少少少少少少少少少
少少少少少少少少少少少少
少少少少少少少少少少少少
少少小少少少少少少少少少
少少少少少少少少少少少少
```

❸
```
椿椿椿椿椿椿椿椿椿椿椿椿
椿椿椿椿椿椿椿椿椿椿椿
椿椿椿椿椿椿椿椿椿椿椿
椿椿椿椿椿椿椿椿椿椿椿
椿椿椿椿椿椿椿棒椿椿椿
椿椿椿椿椿椿椿椿椿椿椿
椿椿椿椿椿椿椿椿椿椿椿
椿椿椿椿椿椿椿椿椿椿椿
椿椿椿椿椿椿椿椿椿椿椿
```

❹
```
犬犬犬犬犬犬犬犬犬犬犬犬
犬犬犬犬犬犬犬犬犬犬犬犬
犬犬犬犬犬犬犬犬犬犬犬犬
犬犬犬犬犬犬犬犬犬犬犬犬
犬犬犬犬犬犬犬犬犬犬犬犬
犬犬犬犬犬犬犬犬犬犬犬犬
犬犬犬犬犬犬犬犬犬犬犬犬
犬犬犬大犬犬犬犬犬犬犬犬
犬犬犬犬犬犬犬犬犬犬犬犬
```

読み方まで
わかるかな？

 ❶
 ❷
 ❸
 ❹

中身なんだろ？

できる四字熟語の意味：ささいなことを大げさに言うこと。

答えは143ページへ。

親子パズル 3

お手本

7 × 7 = 49

5 × 5 × 2 = 50

40と77と78は親の数、その他は子どもの数とするよ。
親の数から出ている線を、子どもの数とつなげよう。
子どもの数をすべてかけると、親の数になるんだ。
親の数から出ている線は全部使うよ。すべてのマスを通ってね。
ななめに進んではだめ。同じマスは1回しか通れないよ。

			3		77	
		11			5	
		2			7	
			2		40	
	78				13	
			2	2		

お宝じゃ
なかったか〜

わあー

びっくり箱くん

答えは131ページへ。

分数てんびん 3

2〜6の数を、ひとつずつ□の中に入れよう。
真ん中には、左右のてんびんの
数のちがいが書いてあるんだ。
同じ数は 1 回しか使えないよ。

お手本

$$\frac{3}{6} - \frac{1}{6} = \frac{2}{6} = \frac{1}{3}$$

使った数のチェック
2 3 4 5 6

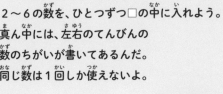

まぁまぁ
おなかすいたし
うたげにしよっか

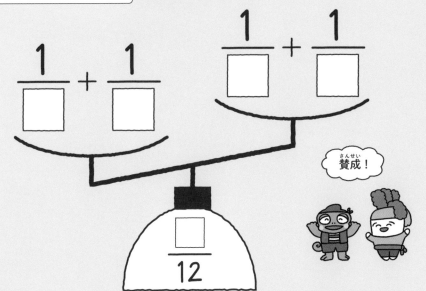

賛成！

ビールみたいな
ジュースもあるよ

答えは133ページへ。

慣用句さがしパズル 3

下の5つのことわざや慣用句をさがして、線でつなごう。
ひとつの言葉は、1本の線でつながるよ。

思案に暮れる…いつまでも考えがまとまらないこと。
手塩にかける…自分で色々とめんどうをみて、大切に育てること。
早起きは三文の得（徳）…早起きをすると何かよいことが少しあるということ。
二階から目薬…とても回りくどいこと。また、まったく効果がないこと。
人事をつくして天命を待つ…できることをせいいっぱいしてから、あとは
天からの運に任せること。

お手本

馬が合う……
気が合うこと。
手を焼く……
手間がかかって苦労
すること。

おいし〜

ダイコン役者
自然な表情に
なったね

な！

答えは142ページへ。

四字熟語つなぎ 2

下のふたつの四字熟語が完成するように、読み方の順に
それぞれ線でつなごう。線はすべてのマスを通ってね。
ななめに進んではだめ。同じマスは1回しか通れないよ。

臨機応変…思いがけないことが起きても、その場に合った対応をすること。
他力本願…他人の力によって、望みをかなえようとすること。

お手本

一石二鳥……
ひとつのことをして、
ふたつのいいことを
手に入れるたとえ。

他				
	機			
		願		
	臨			力
	本			
応				変

そ、そうかな？

このジュース
ビールみたいに
あわが出るね

イェーイ

カー

ジョン

答えは126ページへ。

小数ボックス2

空いているマスに小数を入れよう。
このボックスは、ひとつの面にある4つの小数をたすと、
どの面も20になるよ。

お手本

ひとつの面の4つの数をたすと、
6面すべて25になる。

6.5+8.0+4.5+6.0=25
6.5+8.0+5.5+5.0=25

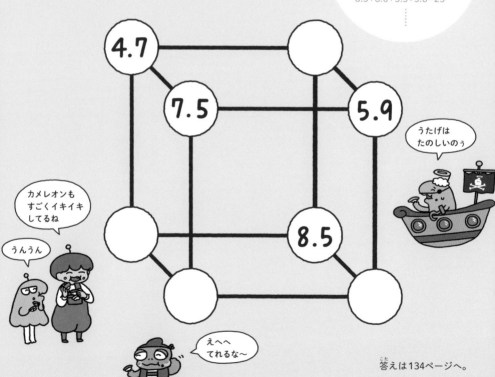

カメレオンも
すごくイキイキ
してるね

うんうん

うたげは
たのしいのぅ

えへへ
てれるな〜

答えは134ページへ。

分数まほうじん3

□に正しい数を入れよう。
縦・横・ななめの分数をたすと、
どこも1になるようにしてね。

お手本

$\frac{4}{15}$	$\frac{1}{5}$	$\frac{8}{15}$
$\frac{3}{5}$	$\frac{1}{3}$	$\frac{1}{15}$
$\frac{2}{15}$	$\frac{7}{15}$	$\frac{2}{5}$

$\frac{4}{15}+\frac{3}{5}+\frac{2}{15}=\frac{4}{15}+\frac{9}{15}+\frac{2}{15}=\frac{15}{15}=1$

$\frac{4}{15}+\frac{1}{3}+\frac{2}{5}=\frac{4}{15}+\frac{5}{15}+\frac{6}{15}=\frac{15}{15}=1$

$\frac{4}{15}+\frac{1}{5}+\frac{8}{15}=\frac{4}{15}+\frac{3}{15}+\frac{8}{15}=\frac{15}{15}=1$

$\frac{11}{24}$	$\frac{1}{\square}$	$\frac{\square}{8}$
$\frac{1}{4}$	$\frac{\square}{3}$	$\frac{5}{12}$
$\frac{7}{\square}$	$\frac{1}{2}$	$\frac{\square}{24}$

おいし〜

おすしで
カンパイ

うまうま

答えは142ページへ。

天才言葉集め5

それぞれの四角の中から、ひとつだけちがうひらがなを見つけて、
下の❶〜❻に1文字ずつ入れてね。何という言葉になるかな？

❶
```
ささささささささささ
ささささささささささ
ささささささささささ
ささささささささささ
ささささささささささ
ささささささささささ
ささささささささとささ
ささささささささささ
```

❷
```
ろろろろろろろろろろ
ろろろろろろろろろろ
ろうろろろろろろろろ
ろろろろろろろろろろ
ろろろろろろろろろろ
ろろろろろろろろろろ
ろろろろろろろろろろ
ろろろろろろろろろろ
```

❸
```
けけけけけけけけけけ
けけけけけけけけけけけ
けけけけけげけけけけ
けけけけけけけけけけ
けけけけけけけけけけ
けけけけけけけけけけ
けけけけけけけけけけ
けけけけけけけけけけ
```

❹
```
えええええええええ
えええええええええ
えええええをえええええ
ええええええええええ
ええええええええええ
ええええええええええ
ええええええええええ
ええええええええええ
```

❺
```
てててててててててて
てててててててててて
てててててててててて
てててててててててて
てててててててててて
てててててててててて
てててててててててて
ててててててててこてて
ててててててててて
```

❻
```
おおおおおおおおおお
おおおおおおおおおお
おおおおおおおおおお
おおおおおおおおおお
おおおおおおおおおお
おおおおおおおおおお
おおおおおおおおおお
おおおすおおおおおお
おおおおおおおおおお
```

❶	❷	❸	❹	❺	❻

まで待つ。

できる言葉の意味：一番さかんな時期、または、一番危険な時期を過ぎること。

答えは124ページへ。

ばらばら漢字パズル 2

下の5つの漢字を分解したら、
パーツがひとつなくなってしまったよ。
なくなったパーツは、どの漢字のどこかな？

おなか
いっぱい

演技じゃなくて
ホントに食べちゃった

| 賃 | 件 | 背 | 構 | 宝 |

おふかふぇふぁふぁ
ふぇした
（おつかれさまでした）

よく
がんばった！

答えは127ページへ。

119

おなかいっぱい
大満足！

自分たちも食べすぎた

ヒー、マー次はカーテンコールだって

カーテンコール？
何？
デザート？

カミさまいってたよ

？
？

カーテンコールは観てくれたお客さんに〜

大切なこと〜

〜〜〜
〜〜〜
〜〜〜

〜〜〜
〜〜〜

ペラ
ペラ
ペラ
ペラ
ペラ
ペラ
ペラ
シュッ

お

おう

まだしゃべってるぜ

ペラ
ペラ
ペラ
ペラ
ペラ

無視して行こ

ああっ
ボクをおいていかないで〜

答えのページ

24ページ ヒマつぶし⓭［算数］

法則めいろ1

102ページ ヒマつぶし㊷［国語］

ことわざめいろ3

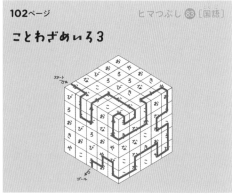

118ページ ヒマつぶし㊾［国語］

天才言葉集め5

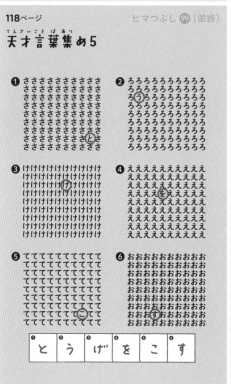

35ページ ヒマつぶし㉒［算数］

法則めいろ2

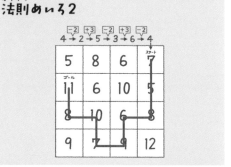

81ページ ヒマつぶし㉞［国語］

エリアわけ4

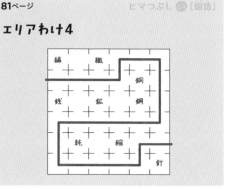

天才言葉集め1

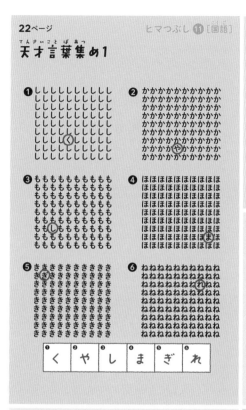

❶く ❷や ❸し ❹ま ❺ぎ ❻れ

くやしまぎれ

同じ音をさがせ！1

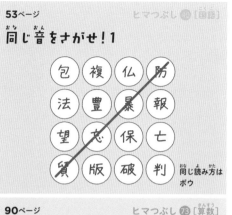

同じ読み方は
ボウ

親子パズル2

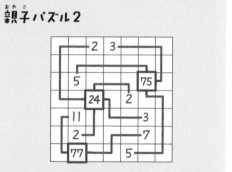

小数ボックス1

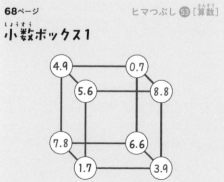

漢字パズル4

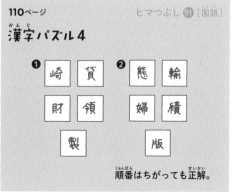

❶ 崎 貸 財 領 製

❷ 態 輪 婦 積 版

順番はちがっても正解。

※掲載したものは代表的な例です。別解がある場合もあります。　125

答えのページ

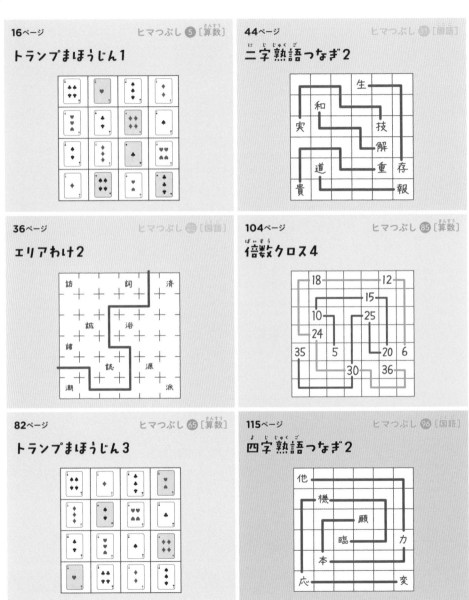

16ページ ヒマつぶし ⑤［算数］

トランプまほうじん1

44ページ ヒマつぶし ㉞［国語］

二字熟語つなぎ2

36ページ ヒマつぶし ㉒［国語］

エリアわけ2

104ページ ヒマつぶし ㊺［算数］

倍数クロス4

82ページ ヒマつぶし ㊸［算数］

トランプまほうじん3

115ページ ヒマつぶし ㊻［国語］

四字熟語つなぎ2

31ページ ヒマつぶし 20 [国語]

エリアわけ1

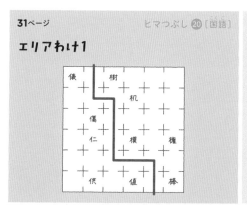

46ページ ヒマつぶし 33 [算数]

分数てんびん1

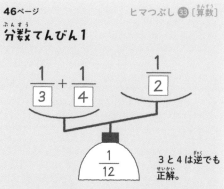

3と4は逆でも
正解。

91ページ ヒマつぶし 74 [算数]

回転ドミノ筆算1

❶
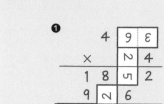

❷
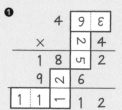

はでも
正解。

119ページ ヒマつぶし 100 [国語]

ばらばら漢字パズル2

ないのは
一

69ページ ヒマつぶし 54 [算数]

右左めいろ2

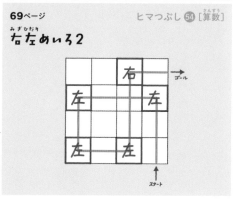

※掲載したものは代表的な例です。別解がある場合もあります。

答えのページ

14ページ ヒマつぶし ③［国語］
回転する漢字 1

60ページ ヒマつぶし ㊺［算数］
数合わせパズル 3

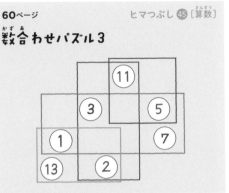

83ページ ヒマつぶし ㊻［算数］
法則めいろ 4

37ページ ヒマつぶし ㉑［国語］
回転する漢字 2

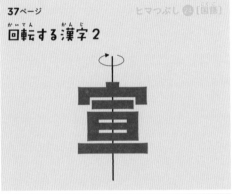

92ページ ヒマつぶし ㉓［国語］
集中！ 四字熟語さがし 4

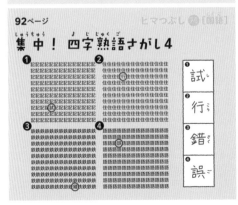

105ページ ヒマつぶし ㊼［算数］
ドミノまほうじん 3

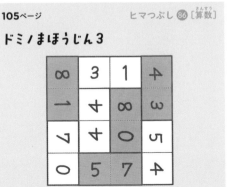

128

約数つなぎ1

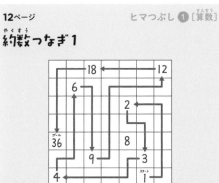

慣用句さがしパズル2

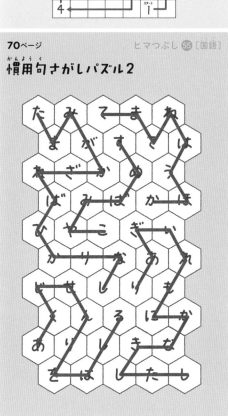

動物言葉つなぎ3

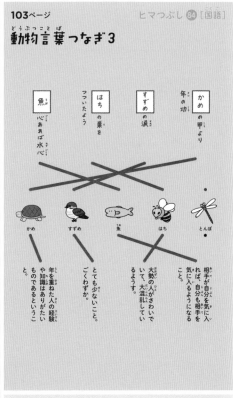

親子パズル1

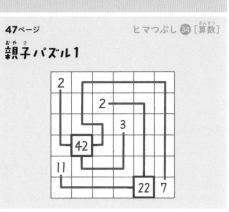

※掲載したものは代表的な例です。別解がある場合もあります。

129

答えのページ

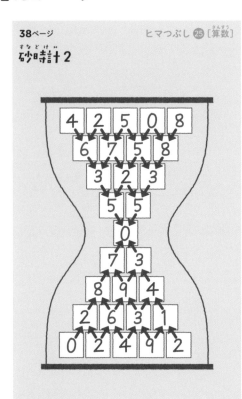

38ページ ヒマつぶし **25** [算数]

砂時計2

57ページ ヒマつぶし **42** [算数]

トランプまほうじん2

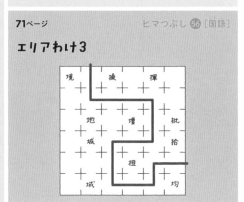

71ページ ヒマつぶし **56** [国語]

エリアわけ3

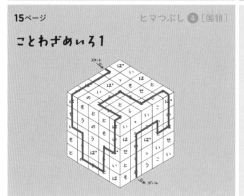

15ページ ヒマつぶし **4** [国語]

ことわざめいろ1

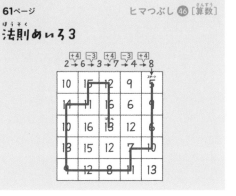

61ページ ヒマつぶし **46** [算数]

法則めいろ3

130

ドミノ筆算1

ヒマつぶし⑭[算数]

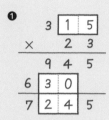

❶
```
    3 1 5
  ×   2 3
    9 4 5
  6 3 0
  7 2 4 5
```

❷
```
    5 4 2
  ×   3 4
    2 1 6 8
  1 6 2 6
  1 8 4 2 8
```

動物言葉つなぎ1

ヒマつぶし㉟[国語]

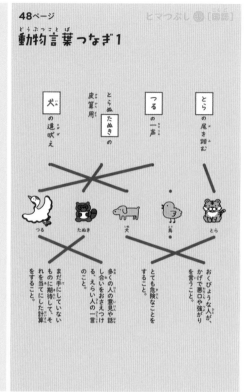

書き順めいろ2

ヒマつぶし㊄[国語]

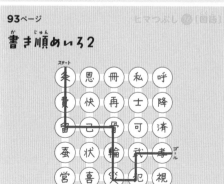

親子パズル3

ヒマつぶし㉓[算数]

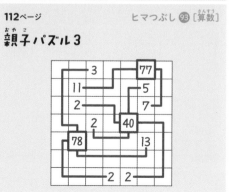

※掲載したものは代表的な例です。別解がある場合もあります。

答えのページ

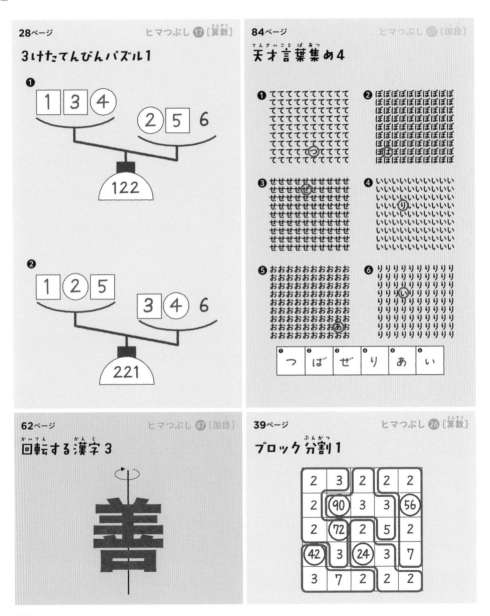

28ページ ヒマつぶし ⑰［算数］

3けたてんびんパズル1

❶
1 3 4
2 5 6
122

❷
1 2 5
3 4 6
221

62ページ ヒマつぶし ㊼［国語］

回転する漢字3

善

84ページ ヒマつぶし ㊼［国語］

天才言葉集め4

❶ てててててててててて
ててててててててててて
ててててててててててて
てててててててててて
てててててててててて
ててて⑦ててててててて
ててててててててててて

❷ ぼぼぼぼぼぼぼぼぼぼ
ぼぼぼぼぼぼぼぼぼぼ
ぼぼぼぼぼぼぼぼぼぼ
ぼぼぼぼぼぼぼぼぼぼ
ぼぼぼぼぼぼぼぼぼぼ
ぼぼ⑬ぼぼぼぼぼぼぼ
ぼぼぼぼぼぼぼぼぼぼ

❸ せせせせせせせせせせ
せせせせせせ⑫せせせせ
せせせせせせせせせせ
せせせせせせせせせせ
せせせせせせせせせせ
せせせせせせせせせせ
せせせせせせせせせせ
せせせせせせせせせせ

❹ いいいいいいいいいい
いいいいいいいいいい
いいいいいいいいいい
いいいいい⑨いいいいい
いいいいいいいいいい
いいいいいいいいいい
いいいいいいいいいい

❺ おおおおおおおおおお
おおおおおおおおおお
おおおおおおおおおお
おおおおおおおおおお
おおおおおおおおおお
おおおおおおおおおお
おおおお⑯おおおおお
おおおおおおおおおお

❻ りりりりりりりりりり
りりりりりりりりりり
りりり⑲りりりりりり
りりりりりりりりりり
りりりりりりりりりり
りりりりりりりりりり
りりりりりりりりりり

❶	❷	❸	❹	❺	❻
つ	ば	ぜ	り	あ	い

39ページ ヒマつぶし ㉖［算数］

ブロック分割1

2	3	2	2	2
2	90	3	3	56
2	72	2	2	2
42	3	24	3	7
3	7	2	2	2

26ページ ヒマつぶし **15** [国語]

書き順めいろ1

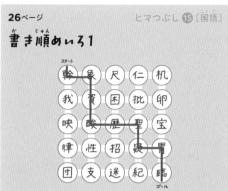

72ページ ヒマつぶし **57** [算数]

分数てんびん2

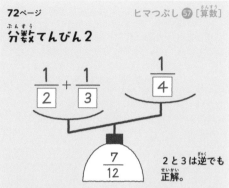

$$\frac{1}{2} + \frac{1}{3} \qquad \frac{1}{4}$$

$$\frac{7}{12}$$

2と3は逆でも
正解。

94ページ ヒマつぶし **77** [算数]

3けたてんびんパズル3

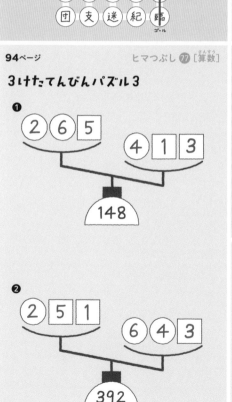

❶
2 6 5　　4 1 3

148

❷
2 5 1　　6 4 3

392

49ページ ヒマつぶし **36** [国語]

集中！四字熟語さがし2

❶ ❷ ❸ ❹

① 用
② 意
③ 周
④ 到

113ページ ヒマつぶし **94** [算数]

分数てんびん3

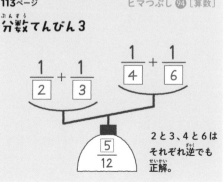

$$\frac{1}{2} + \frac{1}{3} \qquad \frac{1}{4} + \frac{1}{6}$$

$$\frac{5}{12}$$

2と3、4と6は
それぞれ逆でも
正解。

※掲載したものは代表的な例です。別解がある場合もあります。

答えのページ

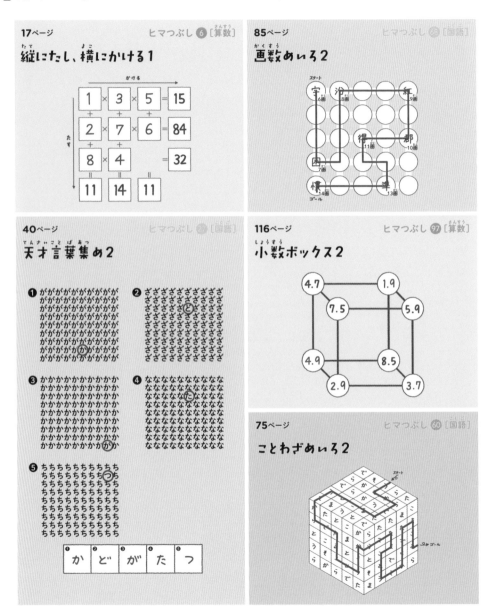

17ページ ヒマつぶし ⑥ ［算数］

縦にたし、横にかける1

85ページ ヒマつぶし ㊳ ［国語］

画数めいろ2

40ページ ヒマつぶし ㉗ ［国語］

天才言葉集め2

❶	❷	❸	❹	❺
か	ど	が	た	つ

116ページ ヒマつぶし ㊿ ［算数］

小数ボックス2

75ページ ヒマつぶし ㉅ ［国語］

ことわざめいろ2

集中！四字熟語さがし1

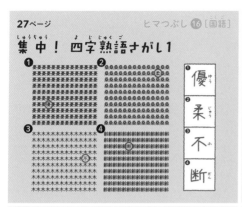

① 優柔不断

分数まほうじん1

$\dfrac{1}{2}$	$\dfrac{2}{9}$	$\dfrac{5}{18}$
$\dfrac{1}{9}$	$\dfrac{1}{3}$	$\dfrac{5}{9}$
$\dfrac{7}{18}$	$\dfrac{4}{9}$	$\dfrac{1}{6}$

倍数クロス3

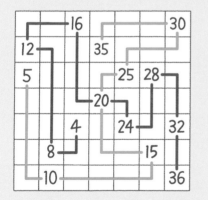

同じ音をさがせ！2

検　看　慣　筋
険　刊　巻　幹
許　吸　干　勤
境　郷　供　胸

同じ読み方は
キョウ

分数まほうじん2

$\dfrac{7}{18}$	$\dfrac{1}{9}$	$\dfrac{1}{2}$
$\dfrac{4}{9}$	$\dfrac{1}{3}$	$\dfrac{2}{9}$
$\dfrac{1}{6}$	$\dfrac{5}{9}$	$\dfrac{5}{18}$

※掲載したものは代表的な例です。別解がある場合もあります。

135

答えのページ

慣用句さがしパズル1

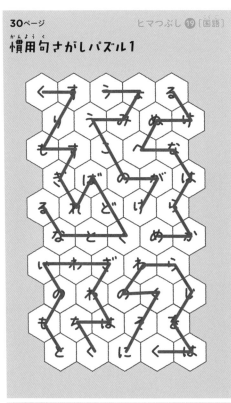

慣用句めいろ1

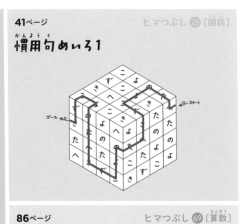

ドミノまほうじん2

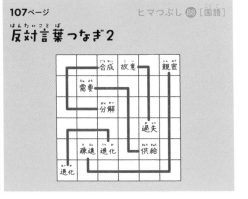

ブロック分割2

反対言葉つなぎ2

13ページ

砂時計1

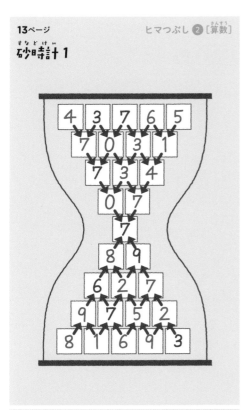

34ページ

数合わせパズル2

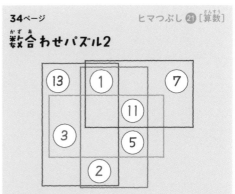

74ページ

ばらばら漢字パズル1

80ページ

回転する漢字4

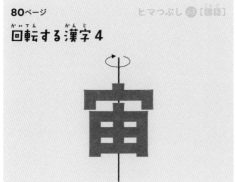

51ページ

ドミノまほうじん1

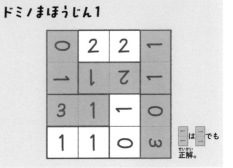

※掲載したものは代表的な例です。別解がある場合もあります。

137

答えのページ

画数めいろ1

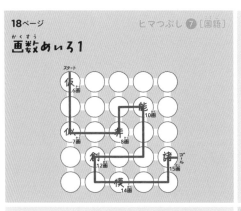

倍数クロス2

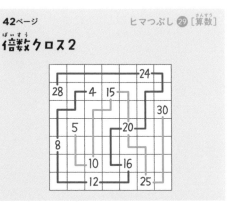

3けたてんびんパズル2

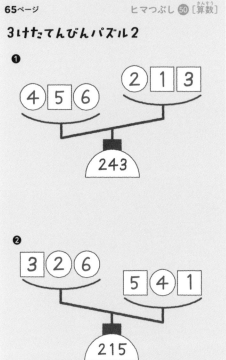

漢字パズル1

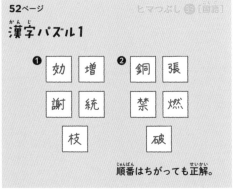

順番はちがっても正解。

約数つなぎ2

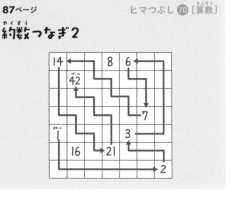

20ページ

ヒマつぶし **9**［算数］

倍数クロス1

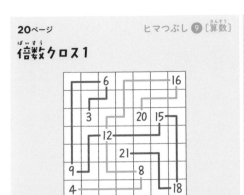

97ページ

ヒマつぶし 36［国語］

漢字パズル3

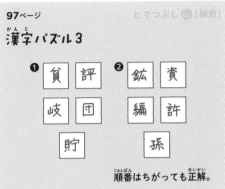

順番はちがっても正解。

63ページ

ヒマつぶし 48［国語］

動物言葉つなぎ2

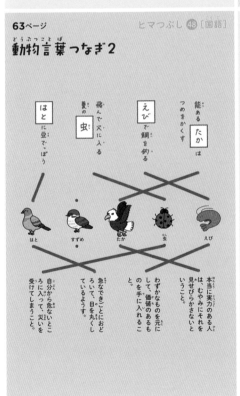

108ページ

ヒマつぶし 89［算数］

回転ドミノ筆算2

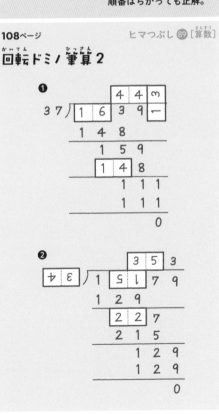

※掲載したものは代表的な例です。別解がある場合もあります。

答えのページ

29ページ ヒマつぶし **18** ［算数］

数合わせパズル1

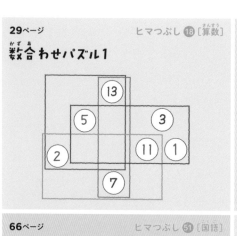

88ページ ヒマつぶし **72** ［国語］

慣用句めいろ2

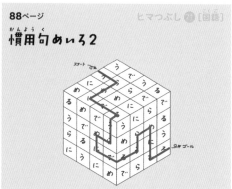

66ページ ヒマつぶし **51** ［国語］

集中！四字熟語さがし3

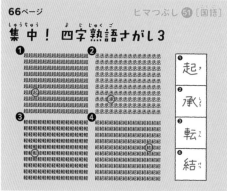

43ページ ヒマつぶし **30** ［算数］

ドミノ筆算2

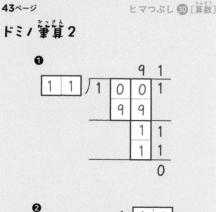

109ページ ヒマつぶし **90** ［算数］

右左めいろ3

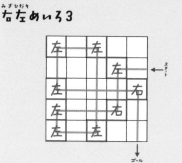

体言葉つなぎ1

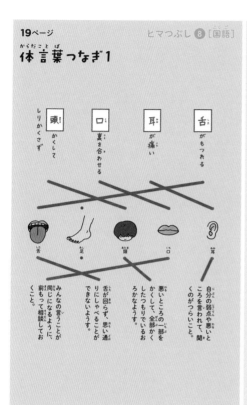

砂時計3

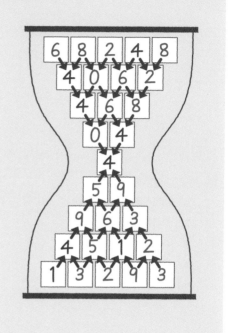

数合わせパズル4

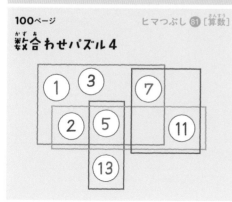

反対言葉つなぎ1

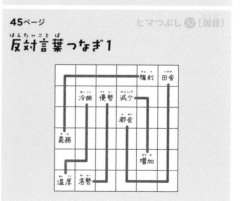

※掲載したものは代表的な例です。別解がある場合もあります。　　141

答えのページ

21ページ　ヒマつぶし⑩［算数］

右左めいろ1

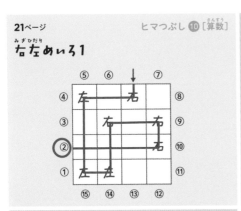

67ページ　ヒマつぶし(52)［国語］

漢字パズル2

❶ 豊　精　境　梨　肥

❷ 証　現　導　略　絶

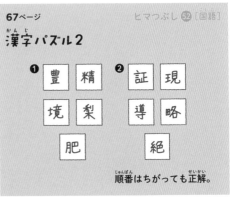

順番はちがっても正解。

114ページ　ヒマつぶし(95)［国語］

慣用句さがしパズル3

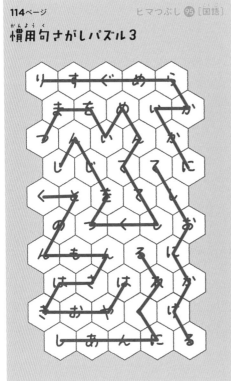

117ページ　ヒマつぶし(98)［算数］

分数まほうじん3

$\frac{11}{24}$	$\frac{1}{6}$	$\frac{3}{8}$
$\frac{1}{4}$	$\frac{1}{3}$	$\frac{5}{12}$
$\frac{7}{24}$	$\frac{1}{2}$	$\frac{5}{24}$

89ページ　ヒマつぶし(72)［国語］

四字熟語つなぎ1

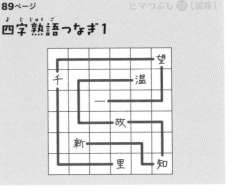

79ページ ヒマつぶし 62 ［算数］

ブロック分割3

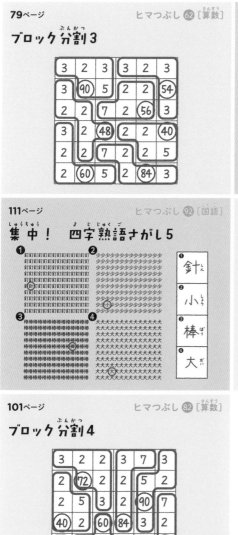

23ページ ヒマつぶし 12 ［国語］

二字熟語つなぎ1

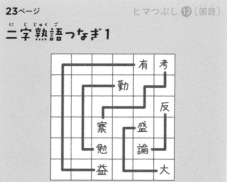

111ページ ヒマつぶし 92 ［国語］

集中！ 四字熟語さがし5

56ページ ヒマつぶし 41 ［算数］

縦にたし、横にかける2

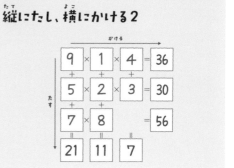

101ページ ヒマつぶし 82 ［算数］

ブロック分割4

答えのページ

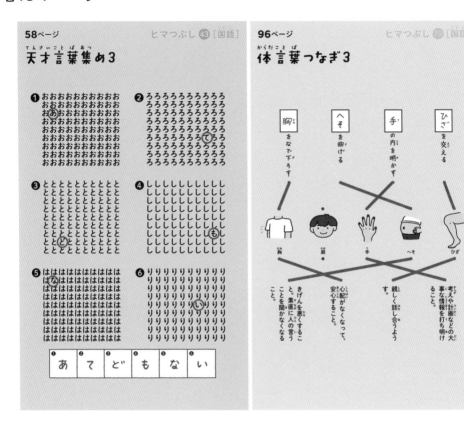

天才言葉集め3

❶
おおおおおおおおお
おおおおおおおおお
おあおおおおおおお
おおおおおおおおお
おおおおおおおおお
おおおおおおおおお
おおおおおおおおお

❷
ろろろろろろろろろ
ろろろろろろろろろ
ろろろろろろろろろ
ろろろろろろろろろ
ろろろろろろろてろ
ろろろろろろろろろ
ろろろろろろろろろ

❸
とととととととと
とととととととと
とととととととと
とととととととと
とととととととと
とととととととと
とどとととととと
とととととととと

❹
しししししししししし
しししししししししし
しししししししししし
しししししししししし
しししししししししし
しししししししししし
しししししししもしし
しししししししししし

❺
ははははははははは
はなははははははは
ははははははははは
ははははははははは
ははははははははは
ははははははははは
ははははははははは

❻
りりりりりりりりりり
りりりりりりりりりり
りりりりりりりりりり
りりりりりりりりりり
りりりりりりりりりり
りりりりりりりいりり
りりりりりりりりりり
りりりりりりりりりり

❶	❷	❸	❹	❺	❻
あ	て	ど	も	な	い

体言葉つなぎ3

胸をなで下ろす
へそを曲げる
手の内を明かす
ひざを交える

胸・顔・手・へそ・ひざ

考えや計画などの大事な情報を打ち明けること。

きげんを悪くすること。素直に人の言うことを聞かなくなること。

心配がなくなって、安心すること。

親しく話し合うようす。

※掲載したものは代表的な例です。別解がある場合もあります。

体言葉つなぎ2

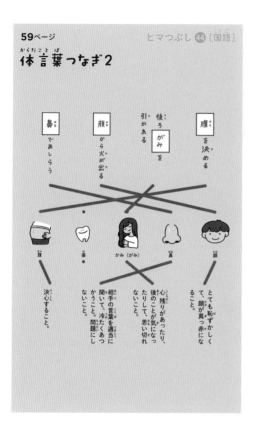

この本に出てきたキャラクターたち

どのページに出てきたかさがしてみよう！

フツウノサウルス親子
いつもボケーっとしているが、食べ物のことになると気性があらくなる。卵かけご飯が主食。

カメレオン俳優
どんな役にもなりきる俳優。役にのめりこみすぎて、役のまま生活してしまうことも。体の色を変えるのは苦手。

ダイコン役者
世界一の俳優をめざして努力している。「下手な演技が一周回ってくせになる」らしく、ファンはけっこういる。

キリカエ
ＴＨＤラジオ放送「キリカエのオールモーニング」のパーソナリティ。チャンネルを切りかえられると悲しむ。

ギャルパンダ
SNSのフォロワー数が800万人もいるインフルエンサー。ヒマチューブにアップしている動画が大人気。

江戸団子
太いまゆ毛がチャームポイント。江戸っ子なので、たのまれたら断れないし義理がたい。周りからも好かれている。

にぎりくん
おにぎりにぎって30年。あるインタビューで「あなたにとっておにぎりは？」と聞かれ、「人生」と答えた。

T-HIMA56
宇宙人が作ったロボット。ロボットの中でだれかが操作しているというウワサがあるが、真相は不明。

ニンニンジャ
ヒマニンジャ学園卒業後、立派な忍者になるため修行中。たのまれた任務は失敗ばかり。好きな食べ物はタピオカ。

星の手裏剣
投げられるのが大好き。テンションが上がると遠く星の向こうまで行き、2週間ぐらい帰ってこない。

コナスビ
好奇心旺盛でよくどこかへ行く。T-HIMA56がお世話をしてくれるため、身の回りのことができない。頭はいい。

ダイオクトパス
超巨大タコ。足の部分はサラサラしていて、さわると冷たくて気持ちいい。顔はだれも見たことがない。

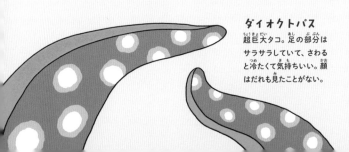

メンダコ

せまいところが大好きで、見つけたらすぐに入ったままねてしまう。

人工衛星鳥

自分のことを人工衛星だと思いこんでいる鳥。惑星ヒマージュの周りをパトロールしている。

イルカの タイショー

いつも元気でいい人なのに、恋人ができないことになやんでいる。いつもモテ術の本を持ち歩いている。

ユキージョ

明るくて話しやすい性格。サングラスをコレクションしていて、その数なんと6000本以上。

ラビッピ

うでの力が発達していて、うでで歩く。ストイックで、ヒマがあればすぐにうで立てふせをしてきたえている。

フレブルドッグ

ふたごのきょうだい(兄と妹)。どちらが先に生まれたかをよく争っている。おどることが大好きで、K-POPにハマっている。

ニョロポンパ

うでをニョロニョロと動かす生き物。体が黄色いのは、大好物のたくあんを食べすぎたから。

びっくり箱くん

ありとあらゆる箱に入っていて、びっくりさせるのが得意。あなたもいつか出会うかも。

クロコ

裏方にてっするクロコたち。体は小さいが力持ちで、500キロのセットを運んだという伝説がある。時には役者も運ぶ。

テシタリス

海ぞくの手下のリス。お気に入りの望遠鏡はお母さんからもらったもので、とても大切にしている。

ジョン

たるの上に乗っていて、バランスをとりながら生活している。体感をきたえて長生きしたらしい。

バッハペンギン

いろいろな音楽をさがし出すのが得意。雨の音や外の音を聞きながら、音楽を作り出す。かみの毛はカツラ。

マル サンカク シカク

幼なじみの3人組で、大の仲良し。3人の交換日記を13年続けている。

ホビーホース

子どもと遊ぶことが大好き。子どもが大きくなると、その家を出て行ってまたちがう子どもの家へ行く。

＼算数と国語の力がつく／

天才!!
ヒマつぶし
ドリル かなりムズ

著者
田邉 亨

イラスト
伊豆見 香苗

ブックデザイン
albireo

データ作成
株式会社 四国写研

問題図作成
渡辺 泰葉

編集協力
梶塚 美帆
（ミアキス）

校正
秋下 幸恵 岩崎 美穂 遠藤 理恵 西川 かおり

クリエイティブ協力
大矢武彦 鹿間 絵理 今村 千秋
（ソニー・クリエイティブプロダクツ）

企画・編集
宮﨑 純

たのしかった？

ヒマなときは

またあそぼ

バイバイ